U0613278

许林英　等　主编　■

豌豆品种与
高效栽培管理技术

WANDOU PINZHONG YU
GAOXIAO ZAIPEI GUANLI JISHU

中国农业出版社
农村读物出版社
北　京

编 者 名 单

主　　编：许林英　李方勇　张　瑞　张立权　史努益

副主编：刘　琼　胡　伋　张琳玲　丁沃娜　周　飞

　　　　　屠建明　蔡　盼　黄　杨　周　琼　马小福

编写人员（以姓氏笔画为序）：

　　　　　丁沃娜　马小福　史努益　刘　琼　许林英

　　　　　李方勇　张　瑞　张立权　张琳玲　周　飞

　　　　　周　琼　胡　伋　黄　杨　屠建明　蔡　盼

前 言 FOREWORD //////////////

　　豌豆在中国的栽培历史超过 2 000 年，历史上很多农书对豌豆有记载，如张揖的《广雅》、苏颂的《本草图经》、王桢的《王桢农书》、李时珍的《本草纲目》和吴其濬的《植物名实图考长编》等。豌豆适应多种土壤和气候条件，最适宜凉爽而湿润的气候；地理分布广泛，从南半球和北半球热带、亚热带的高海拔地区到高纬度的低海拔地区都有种植。

　　作为人类食品和动物饲料，豌豆是世界第四大豆类作物。据联合国粮食及农业组织统计资料，2021 年全世界总共有 97 个国家生产干豌豆、81 个国家生产青豌豆。其中，干豌豆种植面积 621.43 万公顷，总产量 955.82 万吨；青豌豆种植面积 224.13 万公顷，总产量 1 697.50 万吨。同年，中国干豌豆种植面积 94.00 万公顷，占全世界的 15.13%，总产量 119.00 万吨，占全世界的 12.45%；青豌豆种植面积 129.59 万公顷，占全世界的 57.82%，总产量 1 027.43 万吨，占全世界的 60.53%。中国是世界上生产干豌豆的第二大国、生产青豌豆的第一大国，在世界豌豆生产中占有非常重要的地位。作为中国主要食用豆类作物之一，豌豆在全国各地均有种植。豌豆的蛋白质含量较高，容易被消化吸收，既可用作粮食、蔬菜、加工休闲食品，又可作饲草、绿肥等。豌豆还可作为养地作物，在轮作、间套作和冬季休闲田利用中具有重要作用。同时，在我国种植业结构调整和食物结构优化中也具有重要意义。

　　目前，国内豌豆生产存在着生产季节的相对集中和栽培方式的单一烦琐、抗病性种质资源匮乏、机械化收获能力低等现状，严重制约着豌豆产业的发展。为进一步加强对豌豆生产的理论与实践指导，本书编写团队从实际出发，针对国内豌豆生产现状，结合多年来的研究与实践，从品种选择、栽培模式、机械化生产、病虫草害防控等技术层面着手，编写了《豌豆品种与高效栽培管理技术》一书，指导种植户做好豌豆栽培管理，使豌豆高产优质。

　　本书第一章由许林英、李方勇撰写；第二章由张瑞撰写；第三章、第四章由张立权撰写；第五章由史努益、胡伋撰写；第六章由刘琼撰写；张琳玲、丁沃娜、周飞、屠建明、蔡盼提供了相关照片和资料；黄杨、周琼、马小福参与了有关资料的整理工作。同时，编者参考引用了相关论著和研究信息，向有关资料的作者表示感谢。特别感谢国家食用豆产业体系岗位科学家葛体达研究员提供的相关技术资料。

　　由于编者水平有限，书中疏漏之处在所难免，恳请广大读者批评指正。

编　者
2025 年 2 月

目 录 CONTENTS //////////

第一章

概　述

第一节　豌豆的经济价值

豌豆（*Pisum sativum* L.），豆科豌豆属一年生攀缘草本植物。株高 0.5～2 米，叶心形，小叶卵圆形；花萼钟状，裂片披针形；花冠颜色多样，多为白色和紫色；荚果肿胀，长椭圆形，顶端斜急尖；种子圆形，青绿色，有皱纹或无，干后变为黄色。花期 6—7 月，果期 7—9 月，《本草纲目》记载"其苗柔弱宛宛，故得豌名"，由此得名为豌豆。

豌豆的供食部分较多，嫩荚、鲜豆粒和苗梢均可菜用。豌豆含有多种蛋白质、糖和维生素等，营养价值高。据江苏省中国科学院植物研究所分析，我国青豌豆的鲜荚可食率为 99.2%，干物质中含粗蛋白质 24%～25%、可溶性糖 10.11%、还原糖 3.54 毫克/100 克、粗纤维 4.8%、灰分 4.12%～6.50%、维生素 C 51.5 毫克/100 克，还有 17 种氨基酸、磷、铁和钙。

一、豌豆的粮食价值

豌豆是一种可以食用的豆类产品，收获时呈干豆状态，经过加工之后可以直接食用，也可以作为蜜饯、罐头、炒货等多种食品的原料。另外，豌豆可以经过二次加工，做成干豆产品、豆浆、豆瓣酱等多种可以食用的物品。干豆粒可以提取淀粉，用以制作豆馅、糕点等，也可制成豌豆蛋白粉、豌豆异黄酮等保健食品。

二、豌豆的蔬菜价值

成熟的豌豆可以作为粮食进行食用，而青豌豆和豌豆苗都可以作为蔬菜进行食用，初夏豌豆荚可比菜豆早收 10～15 天，能丰富淡季市场的蔬菜品种。软荚豌豆的鲜豆荚可以直接食用。豌豆荚的纤维不发达，颜色翠绿，口感清脆，不存在硬质层，维生素含量较高，是一种营养价值较高的蔬菜。食用的豌豆苗又称龙须菜、豌豆尖，鲜嫩的豌豆苗可以直接食用。豌豆苗是深受世界各地消费者喜爱的食物，豌豆荚大、叶肉肥大、维生素丰富、叶片大且嫩，清香甘甜，可炒食和凉拌。嫩荚和鲜豆粒是制罐、速冻的主要原料，加工后可大量出口，冷藏的豌豆苗也远销日本以及东南亚各地。

三、豌豆的药用价值

豌豆包含的蛋白质中含有人体需要的氨基酸，能够促进人体的生长发育，经常食用豌豆可以促进人体营养平衡。豌豆中含有植物凝集素和赤霉素，比普通的蔬菜更具药用价值，可以消炎杀菌、促进新陈代谢。另外，豌豆苗的嫩叶中含有丰富的维生素以及有价值的酶，可以提高人体的抗癌能力，豌豆中的微量元素可以促进人的大脑发育，维持人体胰岛素的平衡。豌豆还可治寒热、止泻痢、益中气、消痈肿。煮食豌豆或用鲜豌豆榨汁饮服，对糖尿病有疗效。妇女多吃豌豆，有催乳作用。

四、豌豆的饲料价值

豌豆中的蛋白质含量丰富，与谷物相比，营养价值非常高，可以作为一种非常好的动物饲料，为畜禽提供高质量的蛋白质，促进畜禽生长和发育，有助于牛、羊等反刍动物的生长。

豌豆的茎、叶富含蛋白质，可作为优质饲料和绿肥。豌豆的生长期较短，耐寒性非常强，能够在小麦、玉米等主要作物收割完之后进行种植。豌豆除了可以作为食物以及动物饲料外，植株本身也可以作为绿肥，具有很好的土壤改良和保肥作用。还能够起到固氮作用，每亩*豌豆田可增加纯氮 5～6 千克，相当于 25 千克硫酸铵帮助土地提高的肥力，有助于下一季主要农作物的生长。

总之，豌豆作为一种重要的蔬菜，不仅是一种美味的食品，更是一种重要的营养资源和药物原料。随着营养学和医学研究的不断深入，它的价值和作用也将得到更多人的认识和重视。

第二节　豌豆的种植分布

作为人类食品和动物饲料，豌豆现在已经是世界第四大豆类作物。联合国粮食及农业组织（FAO）统计数据显示，2021 年全世界干豌豆种植面积 621.43 万公顷，总产量 955.82 万吨；全世界青豌豆种植面积 224.13 万公顷，总产量 1 697.50 万吨。同年，中国干豌豆种植面积 94.00 万公顷，总产量 119.00 万吨；青豌豆种植面积 129.59 万公顷，总产量 1 027.43 万吨。中国干豌豆栽培面积和总产量分别占全世界的 15.13% 和 12.45%，青豌豆栽培面积和总产量分别占全世界的 57.82% 和 60.53%。中国是世界第一大豌豆生产国，在世界豌豆生产中占有举足轻重的地位。

我国干豌豆主产区分布在云南、四川、甘肃、内蒙古、青海等省份。青豌豆主产区位于全国主要大、中城市附近，如广东、福建、浙江、江苏、山东、河北、辽宁等省份的沿海地区，云南、贵州、四川等高海拔区域有反季节种植。豌豆适应冷凉气候、多种土地条件和干旱环境，具有蛋白质含量高，易消化吸收，粮、菜、饲兼用和深加工增值的诸多特点，是种植业结构调

---

* 亩为非法定计量单位。1 亩＝1/15 公顷。

整中重要的间作、套作、轮作和养地作物，也是我国南方主要的冬季作物、北方主要的早春作物之一。因而，豌豆一直在我国的农业可持续发展和居民食物结构中有着重要影响。

世界上豌豆主产国，如加拿大、法国、澳大利亚、美国、俄罗斯、印度都十分重视豌豆种质资源的收集保存和研究工作。国际农业研究机构中的国际干旱地区农业研究中心（ICARDA），也开展了豌豆属资源的搜集和研究工作。目前，中国国家种质长期库和中期库共收集保存国内外豌豆种质资源 6 000 多份，其中 80% 是国内地方品种、育成品种和遗传稳定的品系，20% 来自澳大利亚、美国、法国、英国、俄罗斯、匈牙利、德国、尼泊尔、印度和日本等国家。经过近 20 年的国家农作物种质资源科技攻关研究，中国已对国家种质库中保存的所有豌豆种质资源进行了农艺性状鉴定，对部分资源进行了抗病性、抗逆性和品质性状鉴定，并从中初步筛选出了部分豌豆优异种质用于种质资源改良和直接推广利用，取得了显著的社会效益和经济效益。

第三节　豌豆的起源与分类

一、豌豆的起源

豌豆属于豆科（Leguminosae）蝶形花亚科（Papilionoideae）豌豆属（*Pisum*），染色体 $2n = 14$。豌豆起源于数千年前的亚洲西部、地中海地区以及埃塞俄比亚。伊朗和土库曼斯坦是其次生起源中心。在中亚、近东和非洲北部，还有豌豆属的野生亚种地中海豌豆分布，这个亚种与现在栽培的豌豆杂交可育，可能是现代豌豆的原始类型。野生亚种的分布也证明了关于豌豆起源中心的可信性。

豌豆驯化栽培的历史同小麦和大麦一样久远，至少在 6 000 年以上。从位于土耳其新石器时代遗址中发掘出的大约公元前 7 000 年的炭化豌豆种子，是考古发现中最古老的证明。在古希腊、古罗马时代的文献中也有豌豆名称的记载，证实豌豆在很早就已被人类种植。豌豆驯化成功后，可能是经南欧向西，之后又向北逐步传播的。豌豆传入印度的时间可能是在古代亚细亚人到达印度之前，传入美国的时间是 17 世纪 30 年代，传入澳大利亚的时间是欧洲对这个地区殖民化的过程中。

豌豆在我国种植的历史悠久。汉武帝派张骞出使西域各国，从而引入粮用豌豆，而后从我国传入日本。汉代以后，一些主要农书对豌豆均有记载，在史书上记载有胡豆、豌豆，如三国时期张揖所著的《广雅》、宋代苏颂的《本草图经》记载有豌豆的植物学性状及用途；元代王桢的《王桢农书》中介绍了豌豆在我国的分布；明、清以来，由海路从欧洲引进菜用豌豆和软荚豌豆，广东栽培最早，之后再传播至我国南北各地。明代李时珍的《本草纲目》和清代吴其濬的《植物名实图考长编》对豌豆在医药方面的用途均有明确记载。

中世纪以前，豌豆主要用其干种子，之后菜用品种逐渐发展起来。在瑞典 9—11 世纪的古墓中曾发掘出用豌豆制作的食物。17 世纪 60 年代，英国从荷兰引入菜用豌豆。到 18 世纪以后，欧洲的豌豆栽培已与禾谷类作物一样普遍。现在几乎已传播到世界上所有能够种植豌豆的地区。

二、豌豆的分类

栽培豌豆可分为谷实豌豆和蔬菜豌豆两大类。谷实豌豆的花多为紫红色，茎秆和叶柄也带紫红色。茎细，叶小。抗逆性强，产量较高。蔬菜豌豆以白花为主，少数为紫色花。茎粗，叶大。抗逆性稍弱，产量较低。

蔬菜豌豆依茎的生长习性可分成矮生种、半蔓性种和蔓性种三类。矮生种茎高在 66 厘米以内，多为早熟的小荚种。半蔓性种的蔓长 66～110 厘米。蔓性种的蔓长 110～200 厘米或更长，分枝和结荚多，荚和豆粒均大，多为食荚晚熟种。

依豌豆荚的结构可分成硬荚种和软荚种两种。硬荚种的内果皮在种子膨大前就已革质硬化，不能食用，只采食其鲜豆粒，故硬荚种为粒用豌豆。种子成熟时，内果皮干燥收缩，荚果开裂，散出种子。软荚种的中果皮由许多排列疏松的薄壁细胞组成，内果皮的纤维组织发育迟缓，荚果肉质，幼嫩时豆荚和豆粒均可食用，所以，软荚豌豆也称食荚豌豆。种子膨大成熟后，果皮紧包种子而不开裂。

目前，我国生产上应用的豌豆品种相当丰富，有粒用、荚用、豆苗用，有鲜食用或加工用，有早熟、晚熟的，有适合露地栽培或保护地栽培的等各种类型。

第二章
豌豆的生长特性及对环境条件的要求

第一节　生物学特性

豌豆各生育时期的天数因品种、温度、日照、水分、土壤条件和播种时期的不同而有差别。

豌豆发芽的条件主要是水分、温度和空气，具有正常发芽能力的种子，需吸收相当于种子同等重量的水分。种子吸水膨胀后，在一定的温度条件下，就可以萌发。当满足适当的水分、温度和空气条件后，种子呼吸作用加快，子叶内储藏的蛋白质、脂肪和糖类在酶的作用下，开始发生复杂的化学变化。种子内储藏物质的转化，为胚的生长提供了大量的可溶性养料。

种子吸水膨胀、开始发芽时，胚根首先由胚孔穿出，伸入土中。同时，子叶张开，突破种皮露出胚芽，不断向上生长穿过土层。当胚轴伸长时，胚芽露出地表，经阳光照射后由黄色转为绿色，开始进行光合作用。

一、幼苗期

豌豆出苗的最低温度为 $4\sim6℃$，在 $8\sim15℃$ 条件下，播种后 15 天左右出苗。豌豆种子萌发后，在胚根向下生长的同时，胚芽向上生长。下胚轴不伸长，子叶留在土中。上胚轴伸长使幼苗露出土表。幼芽出土后继续生长，使主茎不断伸长，起初的 2 个节位上，每节着生较小的 1 片单叶，第一叶最小，第二叶比第一叶稍大，呈三裂片状。

幼苗节间的长度与栽培方式有密切的关系，如植株过密，往往节间拉长，茎纤细，说明幼苗细弱发育不良。在这种情况下，应及早间苗，否则影响花芽分化，导致产量不高。

二、分枝孕蕾期

随着幼茎继续生长，复叶依次出现，主茎下部的复叶，一般具 1 对小叶，中、上部复叶具 2～3 对小叶，主茎在开花前随着叶面积的增大和复叶的出现，节间的长度和直径有明显加大的趋势，这一时期为伸蔓发枝期。

豌豆花芽分化的开始期与发枝期基本一致。秋播豌豆经110～130 天开始花芽分化，而春播豌豆在播后 30～40 天花芽分化。单果花从分化到成花需 40～50 天，从全株来看，秋豌豆从花芽分化到开花需 40～50 天，春豌豆只需 13～23 天。豌豆花芽的着生与分枝密切相关。通常主枝的第一花序着生在高节位分枝的上方，第一次枝上的第一花序着生在第二次枝的节位上方，第一花序以上各节可连续开花。因而，分枝数是构成豌豆产量的重要因素，伸蔓期抽生的有效分枝数越多，其产量就越高。春播的生长期短，分枝少，应提高播种密度，以确保每亩分枝数。

三、花和荚果生长期

从始花期到籽粒成熟或打收嫩荚结束，一般需 50～60 天。豌豆自幼芽生出 10 叶时，在叶腋间抽出花梗，花柄比叶柄短。每个花梗常生 1～3 朵小花，极少数为 4～5 朵，以 2 朵最为普遍。豌豆开花次序，每一株由下而上，第一花序常着生在第 7～第 18 节处，其着生位置与品种的特性有关，早熟品种趋向于矮生，开花的节位低，开花的节数比晚熟品种少。一般着生在第

7～第 10 节处为早熟品种，着生在第 11～第 15 节处为中熟品种，着生在第 15 节以上的为晚熟品种。

豌豆开花主茎先开，分枝后开。单株开花多少，因品种和栽培条件的不同而差异很大，豌豆初期开的花结荚率高，后期顶端开的花脱落率高，常呈秕粒状。每株花由下而上依次出现，先出现的先开花，豌豆全株开花共需 14～15 天，每天开花的时间为 9：00—15：00，11：00—13：00 为开花盛期，17：00 后开花很少。当天开放的花，傍晚时旗瓣收缩下垂，第二天会再度开放。

豌豆在开花受精完成后，子房即迅速膨大，经过 15～30 天，荚果的生长达到最高峰。荚果长椭圆形，扁平，长 5～10 厘米，腹部微弯。当豆荚的宽度达到最大限度时，荚内的种子开始形成，此时叶片中的营养物质不断输送到种子内，种子中的粗脂肪、蛋白质和糖类，随着种子的增重而不断增加。鼓粒开始，种子中的水分含量最高，随着干物质不断增加，水分逐渐下降。

四、灌浆成熟期

豌豆结荚鼓粒到成熟阶段，是形成种子的重要时期，这个时期的发育与种子粒重和粒数有密切的关系。一方面，植株本身的个体发育好，则储藏的营养物质丰富；另一方面，为了在后期不早衰，应有充足的水肥供应，在出现干旱时要进行浇灌，还要注意后期的株间通透条件良好，不贪青徒长。

第二节　植物学特性

豌豆有越年生（秋播）或一年生（春播种）之分，植物器官可分为根、茎、叶、花、荚果和种子 6 个部分。

一、根

豌豆是直根系作物，有较发达的直根和细长的侧根，主根和侧根上着生许多根瘤。侧根分枝极多，有时部分侧根能发育到主根的长度。豌豆种子萌发时，首先长出1根胚根，胚根的尖端有一个生长点，生长点细胞分生能力极强，能不断分裂形成新的细胞而伸长，即根的生长，从而形成主根。从主根上长出较细的侧根，先向水平方向生长，然后向下斜伸，侧根入土深度与主根一样能够达到1米以上，多数分布在20～30厘米的耕作层内。主根和侧根上都着生有根毛，密生的根毛和土壤颗粒紧密相贴，水分和养分就是靠根毛的吸收而进入植株体内。

豌豆主根开始长出后，在主根的上部靠近种子胚根处先长出数条侧根。幼苗根的伸展是时快时慢交替进行的，在生长缓慢时，上一侧根与新长出的下一侧根相吻合，根的生长速度大约在花原基开始形成时达到最高峰。此后甚至还不到开花时就急剧降低，某些侧根比另一些侧根具有较大的生长势，它们向下伸展的趋势几乎与初生根相似。

豌豆的根上有根瘤菌共生，形成根瘤。根瘤着生的形状，好像聚集在一起的红枣。根瘤菌是从根毛进入根内，使根的原膜细胞受到刺激后加强分裂而形成瘤状物。豌豆的根瘤菌是好气细菌，它的活动主要在地面以下的耕作层内，豌豆的根瘤也主要分布在这一土层的主根和侧根上。深层土壤缺乏空气，根瘤就不能生活。根瘤的体积越大，发育良好，色泽粉红，其固氮能力就越强，反之则越差。

根瘤中充满了根瘤菌，能从空气中固定游离的氮素，根瘤与植株本身有密切的共生关系。根瘤在根上的繁殖，需要从植株得到碳水化合物及磷素。这类营养物质如能充分供应，根瘤菌就发育旺盛，根瘤形成早、体积大、数量多，固氮量也多，豌豆从根瘤得到的氮素供应也就多。初生根和较老侧根上的根瘤是利用子叶的储存物质而生存的。由于随即开始进行固氮，在成苗期通常很难看到明显的缺氮现象。然而，根瘤的早期形成也要付出一定的代价，早期结瘤的幼苗生长缓慢，其根系比没有接种根瘤的植株生长差些。

根瘤数量增长形成的高峰出现在营养生长中期，这时根瘤重量与植株重量的比值也达到最大。在以后的生长中，根瘤平均体积的增加和固氮率的提高，足以补偿根瘤数目的减少且有余。当接近开花时，根瘤的重量和活力都达到最高峰。到结实期，根瘤就大量消亡，此时整段的根也逐渐腐烂了。

根瘤菌对所寄生的植物有严格选择性，豌豆根瘤菌与蚕豆、扁豆、苕子等有共生作用，在其他豆类作物上则不能寄生或寄生能力很差。根瘤菌在 pH 为 5.1～8 的土壤中发育良好，在过酸或过碱的土壤中发育不良，给豌豆增施磷、钾肥和硼、钼等微量元素肥料，有促进根瘤繁殖和发育的作用。

根瘤在形成过程中，对不良环境条件的反应，往往比寄主植株更为敏感。例如，光照、温度、湿度等与根瘤的形成有密切的关系。

豌豆地内原有的根瘤菌种群，一般能保证形成充分有效的根瘤，无需人工进行接种，也不缺乏对豌豆有效的菌系。因此，接种工作属于不必要的过程。鉴于豌豆对共生固氮的依赖，可根据豌豆植株氮含量测定当时的固氮率以及整个生长期到底从大气中获得了多少氮素。根瘤的中心细菌组织的血红蛋白显色是反映根瘤菌活力的可靠标志。因此，每一植株上红色根瘤的重量，是表征豌豆固氮潜力的良好指标。种系不同与老嫩不同的植株其固氮能力也有差异。

二、茎

豌豆茎圆而中空，因品种和栽培条件不同，茎有匍匐、蔓生和直立 3 种。茎的长度，一般为 100～300 厘米。豌豆主茎的粗细随着品种及栽培条件的不同而变化较大，一般直径为 3～10 毫米。茎的表皮光滑无毛，被白色的粉状物。茎上有节，节是叶柄在茎上的着生处，也是花荚或分枝在茎上的着生处。因此，节数的多少是直接关系到籽粒产量高低的一个形态特征。豌豆主茎节数的多少因着生密度、品种及栽培条件不同而异，尤以栽培条件的不同而变化显著。同一品种在不同栽培条件下，其主茎节数与节间密度变化很大，优良的栽培技术能够促进豌豆植株节间缩短、节数增加。

豌豆的茎既是着生植株各器官的骨架，也是主要的运输组织，通过茎才能把根系吸收的水分和养分等营养物质运输到各器官中去，同时茎也是储藏营养物质的地方。所以，茎的生长与豌豆籽粒产量密切相关。豌豆的分枝主要着生于茎的基部各节，一般分枝 3～4 个，少的 1～2 个，多的可达 10 个以上。分枝的数量除了与品种有关以外，还与栽培条件有关，良好的栽培条件可使豌豆达到适当的分枝数，进而获得理想的产量。

三、叶

豌豆为偶数羽状复叶，由 1～3 对小叶组成。小叶呈卵圆形或椭圆形，全缘或下部稍有锯齿，小叶长 25～50 毫米，小叶数目由下而上逐步增多。托叶卵形，呈叶状，常大于小叶，包围叶柄或茎，边缘下部有锯齿。

豌豆的复叶由小叶、叶柄和托叶 3 个部分组成。小叶一般是1～3 对，对生叶柄两边。托叶 1 对很大，着生在叶柄基部两边，围抱茎部，每个小叶又着生在小叶柄上。叶柄连着叶片和茎，是水分和养分运输的通道。复叶的叶轴末端变为卷须，一般有卷须1～2 对，也有无卷须的无须豌豆。

豌豆叶片的上、下、外沿都具表皮细胞，一般无毛，被白色蜡粉。叶片内有维管束，是水分和养分的运输通道，经过叶柄与茎连接。表皮下的叶肉细胞中含有叶绿体，叶绿体能在太阳光下，二氧化碳和水合成有机物质，叶肉细胞中叶绿体含量的多少，能直接影响叶色的变化。

豌豆叶片是进行光合作用的主要器官，当叶片充分长大时，就可以达到最大的光合强度，其后光合强度逐渐减小，速度稍快于叶绿素的减少。另外，呼吸强度则随着叶龄增加而稳步下降。

四、花

豌豆的花为腋生总状花序。主茎长出 10 叶以上时，在叶腋间抽出长花梗，每个花梗常生小花 2 朵，也有 4~6 朵的。蝶形花，花白色或紫色。豌豆为天然自花授粉作物，但在干燥和炎热的气候条件下也能产生杂交。豌豆的花由花萼、花冠、雄蕊和雌蕊等组成。

1. 花萼

花芽发育成花蕾之后，由萼管和 5 个萼片组成。5 个萼片中有 2 个裂齿很小，位于花的后方，花萼的构造与叶片相同，绿色，能进行光合作用。

2. 花冠

花冠为蝶形，似展翅的蝴蝶。花冠位于花萼的内部，由 5 个花瓣组成。最上面一个大的称为旗瓣，在花未开放时，旗瓣包围其余 4 个花瓣。旗瓣两侧有 2 个形状大小相同的翼瓣，下面两瓣的基部连在一起，形似小船，称为龙骨瓣。

3. 雄蕊

雄蕊在花冠内部，共有 10 枚，其中 9 枚雄蕊的花丝连在一起呈管状，将雌蕊包围，另一个雄蕊单独分离，故称为两体雄蕊。花药有 4 室，着生于花丝的顶端，其中储藏花粉粒，花粉粒多为圆形。

4. 雌蕊

雌蕊 1 枚，着生在雄蕊的中间，雌蕊包括柱头、花柱和子房 3 个部分。花柱扁平，顶端扩大，内侧有髯毛。花柱下部为子房，子房 1 室，内含 1~4 个胚珠，多数为 2~3 个胚珠，个别有 5 个胚珠。

豌豆开花的早晚因品种的不同而异，同一品种内很规律，节数与开花期和成熟期呈正相关关系。同一品种开花早晚与产量有密切的关系。一般早开花的每荚籽实重量比晚开花的高。豌豆开花也与节数有关，节数少的则开花成熟较早，节数多的则开花成熟较晚。

五、荚果

豌豆的荚果由胚珠受精后的子房发育而成，有硬荚和软荚两种。硬荚的荚壁内果皮有薄似羊皮纸状的厚膜组织，到成熟时，此膜干燥收缩，使荚开裂；而软荚种无此膜，至成熟时不开裂，且软荚种荚内纤维少，故嫩时可食用。豌豆花凋萎后，荚果迅速长大，开花后 15～30 天，荚果生长量达到最高峰。荚面一般光滑无毛。荚壳由 2 片合成，合口的一面附着种子的珠柄，称为腹缝线，种子成熟后，豆荚可沿背缝线裂开。荚内有种子 2～10粒。同一品种在不同的气候条件下，荚色有深浅不同的变化。当多雨湿润时，荚色较深；当干燥时，荚色较浅。

豌豆主茎最下部豆荚距离地面的高度称为结荚高度。结荚高度对于豌豆的产量有一定的影响。豌豆结荚高度因品种及栽培条件的不同而不同，其结荚高度有明显的差异。若栽培不当，结荚部位过高，会使产量受到影响。在田间荫蔽、营养生长和生殖生长不相协调的情况下，会使结荚部位增高。

六、种子

豌豆的种子一般呈球形，因品种不同，种子的颜色有白色、淡红色、褐色、黄白色、绿色以及杂色相间。谷实豌豆的种皮光滑，蔬菜豌豆的种皮皱缩。种子有明显的脐，无胚乳。有 2 片肥厚的子叶，其中含有丰富的蛋白质和脂肪，千粒重一般为 100～300 克。

种子以种柄着生在荚缝上，种子脱离豆荚后残留的痕迹称为种脐。种脐的中央有脐痕，一端有一小孔，称为珠孔，是种子发芽时胚根伸出的地方。在珠孔相对的一端有一个合点，是胚珠的基部与珠柄相连接的地方。豌豆种子的生命力在常温下可保持3～4年。

种子的消化性因种皮色泽而不同，凡有明显橘黄色种皮者消化最快，黄色和绿色种子且种皮粗者消化适中，暗色种子消化较差，具有大理石色表面且种皮皱缩者最不易消化。种子的消化性又因环境及栽培条件等因素不同而异，在不适宜的气候条件下，种子的消化性较差，土壤中富含磷素能促进种子的消化性。若土壤中富含钙盐和碳水化合物，种子的消化性较差，收获未熟的绿色种子有最好的消化性。

第三节 生长发育及对环境条件的要求

豌豆为一年生或越年生豆科植物，浙北地区菜用豌豆一般在10月25日左右播种，翌年4月中旬收获，其生长发育过程可分为出苗期、分枝期、开花结荚期和灌浆成熟期。以半数植株见花时为开花期，下部的花形成果荚且形成较大的籽粒时为结荚期。各生育时期对环境条件的要求是不同的。

一、生长发育

豌豆从播种到成熟的全过程可分为出苗期、分枝期、孕蕾期、开花结荚期和灌浆成熟期等。其中，孕蕾期、开花结荚期较长，植株上下各节之间，孕蕾、开花、结荚同步进行。各生育时期的长短因品种、温度、光照、水分、土壤养分和春播、秋播而有差异。不同生育期有不同的特点，对环境条件有不同的要求。认识并利用这些特点对促进豌豆稳产高产意义重大。

（一）出苗期

豌豆种子萌芽时，首先下胚轴伸长形成初生根，突破种皮伸入土中，成为主根。初生根伸长后，上胚轴向上生长，胚芽突破种皮，露出土表以上 2 厘米左右时称为出苗。豌豆籽粒较大，种皮较厚，吸水较难，而且是在冷凉季节播种，所以出苗所需时间比小粒豆类作物要长一些，从种子发芽（胚根突破种皮）到主茎（幼芽）伸出地面 2 厘米左右需 7～21 天。一般北方春播区所需时间长一些，南方秋播区所需时间短一些。在土壤湿度合适的情况下，温度是影响出苗天数的主要因素。在 5～10 厘米土层中温度稳定在 5℃以上时，种子就可发芽。豌豆种子出苗时子叶不出土。

（二）分枝期

豌豆一般在 3～5 片真叶时，分枝开始从基部节上发生。当生长到 2 厘米长、有 2～3 片展开叶时为一个分枝。豌豆分枝能否开花结荚以及开花结荚多少，主要取决于分枝发生的早晚和长势的强弱，另外与品种、播种密度、土壤肥力和栽培管理等有关。早发生的分枝长势强，积累的养分多，大多能开花结荚。一般匍匐习性强的深色粒、红花晚熟品种分枝发生早而且多，矮生早熟品种分枝发生晚而且少。

（三）孕蕾期

豌豆从营养生长向生殖生长过渡的时期称为孕蕾期。进入孕蕾期的特征是主茎顶端已经分化出花蕾，并被上面 2～3 片正在发育中的托叶及叶片所包裹，揭开这些叶片能明显看到正在发育中的花蕾。在北方春播条件下，出苗至开始孕蕾需要 30～50 天，因品种的熟性不同而有差异。同一品种还会因播期、肥力不同而有变化。孕蕾期是豌豆一生中生长最快、干物质形成和积累较多的时期。此时要通过调节肥水来协调生长与发育的关系，对生长不良的要促，以防早衰；对长势过旺的要改善其通风透光条件，防止过早封垄、落花落荚。

（四）开花结荚期

豌豆边开花边结荚，从始花到终花是豌豆生长发育的盛期，一般持续 30～45 天。这个时期，茎叶在其自身生长的同时，又为花荚的生长提供大量的营养，因而需要充足的土壤水分、养分和光照，以保证叶片充分发挥其光合效率，以确保多开花、多结荚和减少花荚脱落。

（五）灌浆成熟期

豌豆花朵凋谢以后，幼荚伸长速度加快，荚内的种子灌浆速度也随之加快。随着种子的发育，荚果也在不断伸长、加宽，花朵凋谢后约 14 天，荚果达到最大长度。在荚果伸长的同时，灌浆使得籽粒逐渐鼓起。这一时期是豌豆种子形成与发育的重要时期，决定着单荚成粒数和百粒重的高低。此时，缺水肥会使百粒重降低，从而降低籽粒产量和品质。为了保证叶片光合作用充分发挥和荚果中养分的积累，必须加强保根、保叶，做到通风透光，防止早衰，当豌豆植株 70% 以上的荚果变黄变干时，就达到了成熟期。我国春播区，豌豆一般在 6 月上旬至 8 月上旬成熟；秋播区一般在翌年 4—5 月成熟。成熟期时，无论是南方还是北方，阴雨天都较多，应注意抢晴收获，及时晒干，防止霉变。

二、生殖生理

豌豆在开花前 24～36 小时花药开裂散粉，完成授粉和受精。授粉受精完成后，荚果长度和宽度先增大，然后荚壁增厚，在籽粒快速积累储存物质之前达到最大鲜重。此后荚皮中的干物质和氮素含量逐渐下降，最后随着叶绿素和光合能力的迅速丧失而干燥。荚果在其生长后期能供给籽粒所需碳素和氮素的 20%～25%。荚果对发育中的籽粒呼吸所排出的碳素起着再循环的作用，同时也可能摄取从根部经木质部运来的氮素，加工后再向籽粒运输。

豌豆为双受精，一个精核与卵子结合，另一个精核与两个极细胞核结合形成三倍体胚乳。豌豆胚乳的寿命很短，不能达到完全的细胞状态，也不能积累不溶性储存物。然而，豌豆胚乳汁液中含有丰富的有机溶质。幼胚可能是通过吸收胚乳汁液和摄取种皮释放出的溶质，获得其生长发育所需营养的。在子叶内出现储存淀粉和蛋白质的明显迹象之前，细胞分裂和增大实际上已经完成，胚乳汁液已经消失。

对于豌豆，一个荚中的所有胚珠通常都能得到受精。但是，因基因型和环境条件的不同，其中一些胚珠败育，特别是位于末端的种子可能败育。在试验中发现，对于大粒品种来说，能长成成熟籽粒的胚珠数仅占 36%～42%；对于中小粒品种来说，如"Alaska"和"Dun"，占 55%～60%；对于原始类型的地理小种来说，占 72%～80%。成粒的百分数与籽粒大小存在显著的负相关关系。

种子的生长呈典型的 S 形或呈双阶段发育模式，即在其生长过程中有一个为期几天的短暂停滞期，这个时期恰与胚在胚囊中长满的时间相吻合。在开花后 20 天的子叶细胞内就有完好的淀粉粒出现，20～35 天是淀粉积累的主要时期。此后虽然有半纤维素充实细胞壁，但几乎再无淀粉积累，种子随即成熟。在淀粉合成初期，种子内的蔗糖和其他糖类含量显著下降。一般种子受精后 18 天，就有发芽能力，但 24～36 天对保证种子较好的发芽力是必要的。尽管豌豆无休眠期或后熟阶段，但很多野生类型的豌豆具有坚硬的种皮。

三、豌豆对生态条件的要求

（一）水分

豌豆种子含有较多的蛋白质，发芽时张力大，吸水较多。因此，种子在发芽时需要供给较多的水分。豌豆种子发芽膨胀时一般需吸收自身重量 100%～110% 的水分，最低需吸水 98% 才能发芽。吸收水分的多少，又与种子大小、品种特性、引种来源有密切的关系。一般来说，从干旱地区引入的种子，需水较多，原生长在较湿润条件下的种子需水较少。不同的生育时期需水量是

不同的。豌豆每形成一个单位的干物质，需消耗 800 倍以上的水
分。依环境和生长条件的不同，豌豆的蒸腾系数为 600～800。
种子萌发要求土壤有较多的水分以满足吸胀的需要。幼苗时期，
地上部分生长缓慢，植株小，蒸发量不大，需水量不多。这时根
系生长较快，如土壤水分偏多，在田间潮湿的地区，植株基部容
易受潮腐烂。在幼苗时期，如果土壤水分适当少一些，加上适时
中耕，土壤温度增高，通气良好，豌豆根系就能扎得深、长得
好。豌豆从开花结荚到种子充实阶段，植株生长快，生长量大，
干物质积累多，是需水最多的时候。充足的水分可以增加开花、
结荚数量，种子充实饱满。但此时雨水也不宜过多，要求不燥不
湿、阳光充足。如果多雨少日照，容易造成植株过于茂密而柔弱
以及封行过早而株间通风透光不良，乃至徒长。成熟期需水量减
少。土壤水分含量对豌豆植株生长和产量影响很大。当土壤水分
达到田间持水量的 75％时，最适于豌豆生长，豌豆的耐旱力较
强，往往在干燥瘠薄的土壤也能正常生长发育，但土壤湿度降低
到田间持水量的 50％以下，会使豌豆生长发育、产量及品质均
受到不良的影响。

（二）光照

豌豆属长日照类型，其整个生育期需要良好的光照条件。在
安排播种方式及间套作物时，都要达到通风透光良好的条件，才
能获得理想的产量。如果与高秆、叶茂作物间作，遮光越严重，
生长发育越不良。如果栽培密度过大或施用氮肥过多，茎、叶生
长过于繁茂，封行过早，通风透光不良，将使豌豆产量受到严重
的影响。

豌豆的花荚受遮光条件影响很大，花荚在植株上下各部都有
分布。因此，不论上下部每个叶片都要得到充足的光照，才能正
常地进行光合作用，制造有机物质，以充分保证各部位花荚的正
常发育。所以，光照对豌豆生长发育十分重要。豌豆在昼夜光照
与黑暗的交替中，需要连续的光照时间较长，黑暗时间相对较

短。在长光照和短黑暗的条件下（这里所谈的长短是相对的而不是绝对的），豌豆开花提早，生育期适当缩短；反之，在短光照和长黑暗的条件下，开花期延迟，生育期变长。豌豆分枝较多，节间缩短，托叶变形。但不同的品种对长光照及短黑暗的敏感程度也不尽相同。若为早熟品种，当缩短光照至 10 小时，对开花几乎没有影响。豌豆对光照的反应，在花原基开始出现的时期最敏感。这时光照条件差异与开花成熟有着密切的关系。

（三）土壤

豌豆适宜在中性或微碱性土壤上生长，根瘤菌适应碱性能力较强，在 pH 9.6 的土壤中还能生长，但在酸性土壤中发育不良，或者受到抑制，甚至死亡。豌豆适宜的土壤 pH 为 5.5～8.5，最适 pH 为 6.0～7.5。

豌豆对土壤的要求不是很严格，瘠薄的土壤也能种植。但要获得豌豆高产，需要排水良好、深厚肥沃的土壤。因此，豌豆地要经常增施有机肥，使土壤疏松，促进微生物的活动，增强保水保肥能力，使水、肥、气、热相协调，达到稳产、高产的目的。土壤有机质和有机肥，对增加豌豆氮、磷和碳素营养有重要的作用。

（四）温度

豌豆是耐寒作物，能在低温条件下生长，在播种至幼苗期需要的温度较低，但在开花结荚期需要较高的温度。豌豆发芽最低温度为 1～2℃，但难以出苗。一般要求出苗的最低温度为 4～6℃，在 0℃时幼苗停止生长，在 -8～-6℃将受冻害。出苗至现蕾最适温度为 6～16℃。开花最低温度为 8～12℃，最适温度为 16～22℃。低于 8℃、高于 26℃，开花便受到影响，在 -3℃便受冻害，将造成不实花增多。结荚最适温度为 20～25℃，最低温度为 12～13℃。在低温多湿的情况下，开花至成熟的时间会延长。若温度过高，则提早成熟，降低糖分含量，影响产量和品质。豌豆发芽至成熟需积温 1 700～2 800℃。有些品种类型在生长初期需积温较多，也有一些品种从开花至成熟需积温较多。

（五）养分的吸收和矿物质营养

1. 光合产物

豌豆的光合作用在叶片充分长大时即达到最大的光合强度，之后光合强度逐渐减少，速度稍快于叶绿素的减少。另外，呼吸强度则随着叶龄增加而逐步减弱。豌豆幼苗初期营养叶的光合强度升高与下降周期较短，但是开花时的小叶能保持接近最大强度的光合作用达 20 天左右。这种小叶为发育中的荚果提供营养，它们的叶绿素和储藏蛋白质的减少也较慢。摘去种子和荚果的试验证明，由于成长着的种子存在而促进了叶片功能期延长。

豌豆新生叶片单位面积同化二氧化碳的最大速率，在不同品种之间有显著的不同，但相同品种内着生在茎的不同部位的叶片之间就没有差异。茎和叶柄的光合与呼吸强度尚有待研究，而托叶的光合作用同它的姊妹小叶一样有效。在大气中的二氧化碳浓度和饱和光强（1.76 万勒克斯）之下，进行光合作用的最适温度为 25～35℃。但是，由于新梢的暗呼吸在 18～40℃ 范围内随着温度上升而稳定地增强。因此，在夜间温度低的条件下，生长的新梢能非常有效地保存碳素。

2. 豌豆矿物质营养及养分吸收特点

豌豆需要多种矿物质营养元素，氮、磷、钾、钙需要量最多，其次是镁、铁、硫，微量元素有硼、锰、铜、钼、锌、钴、氯等。

（1）豌豆的氮素营养。豌豆种子中含蛋白质 24% 左右，氮素是构成蛋白质的基础物质，它是原生质和酶的主要组成部分。所以，氮在豌豆植株各器官中的含量也比较高，籽粒含 4.5%、秸秆含 1.04%～1.4%、鲜茎秆部分含 0.65%。籽粒和根瘤中的含氮量最高。豌豆在开花结荚期需氮最多，从开花到成熟需要吸收 66% 的氮，这个时期氮素供给量与干物质的积累呈正相关，植株获得氮素多，则干物质积累的量也多，就能为豌豆生长发育、提高产量提供物质基础。

豌豆生有根瘤,根瘤中着生根瘤菌,能固定空气中的游离氮素,可供给植株 1/3～1/2 的氮,是豌豆植株极其重要的氮供给源,同时豌豆植株也从土壤中吸收氮。豌豆根系发达,根瘤多而大,固定的氮素多,植株生长繁茂、健壮而不徒长,产量就高。从土壤中吸收的氮素,包括土壤中原有的和施用的有机肥与氮素化肥,因此生产上要施用氮素来补充营养。豌豆施肥要注意以下3点:一是要重视有机肥的施用,腐熟有机肥中的氮肥,有利于豌豆缓慢持续地吸收利用;二是在土壤肥力低和早熟品种营养生长期较短的情况下,为了达到壮苗早发的要求,保证豌豆正常生长发育,需要在底肥中施用少量氮素化肥;三是豌豆植株积累氮素最多、最快的时期是开花结荚期,这一时期虽然豌豆的自身固氮能力强,但一般情况下,通过自身固氮仍不能满足氮素的需要。因此,抓住花期追肥,对提高产量很重要。

(2)豌豆的磷素营养。磷素在豌豆生长发育过程中起着十分重要的作用。有机物质的转化和运输,往往要经过磷酸化的中间过程才能得以顺利进行。磷是细胞核蛋白、卵磷脂等物质的重要组成元素,在豌豆种子中的含量比较高。由于磷在物质代谢过程中具有很强的活性,容易从植株的老化部分转化到新生组织中而再利用。所以,在磷素供应严重不足时,缺磷症状在老叶上首先出现。

磷对于豌豆生长发育的作用常常比氮更为明显,磷素既有利于营养生长的正常进行,还能促进生殖生长。磷素有利于促进植株根系发达、根瘤发育、枝叶繁茂,从而积累较多的干物质,加速花、荚、粒发育,还有利于增强抗旱性、抗寒性。在磷素供应较充足的条件下,豌豆吸磷高峰期出现在开花结荚期,从开花到成熟,需吸收 70% 的磷。

豌豆施磷的作用是比较明显的,但在不同的土壤中其作用却表现有大有小。这与土壤中有效磷含量的高低有密切关系。当 100 克干土中有效磷含量在 15 毫克以下时,豌豆施磷就有增产的效果。土壤中有效磷含量越低，施用磷肥的增产作用也就越大。

（3）豌豆的钾、钙元素营养。钾在豌豆植株中的含量以幼苗、生长点和叶片中较高。豌豆植株对钾的吸收主要在幼苗期和开花结荚阶段，分别约占吸收总量的60%和23%。后期则是茎、叶中的钾向荚、籽粒中转移。而且，茎、叶中的钾向籽粒中转移往往是很快的。

钾能促进光合作用以及活化酶类，有利于碳水化合物、脂肪和蛋白质的合成。因此，钾能提高豌豆产量和改善其产品品质，增加细胞中的含糖量，使抗寒力提高，还能增强细胞吸持水分的能力，有利于抗旱。在豌豆幼苗期，钾有加速营养生长的作用。在生长盛期，钾和磷配合可加速物质转化，增强植株的组织结构。在结荚成熟期，钾能促进可塑性物质的合成及向籽粒的转移，促进含氮化合物进一步转化为种子中的蛋白质。

钙是豌豆营养中的重要灰分元素之一，成长的植株其钙多存储于老龄叶片中。钙的作用在于促进生长点细胞分裂，加速幼嫩部分的生长。钙能与蛋白质合成过程中所产生的草酸起作用，生成草酸钙而沉淀，可免除草酸过多的毒害作用。在酸性土壤中，施用适量石灰可以调节土壤酸碱度，使之适合豌豆生长及根瘤菌的繁殖活动。根瘤的形成和共生固氮作用，要求较高浓度的钙营养。如果钙不足，则影响生物固氮，致使产量不高。

（4）微量元素。豌豆生长所需要的微量元素主要有锰、钼、锌、铜、硼等，这些元素在豌豆植株中含量虽然很低，但是它们对豌豆各项生理功能的作用都极为重要。微量元素有促进豌豆生长发育、增加产量和改良品质的作用。

在豌豆生长发育中，锰的需要量比其他粮食作物多。它与各种酶的活性有关，是维持植物体内代谢平衡不可缺少的催化物质，能加快光合作用的速度，调节植物体内的氧化还原反应。因此，施用锰肥可以促进株高增高、分枝增多、根瘤数目增多和根瘤体积增大，以及根重、耕作层土壤中含氮量的增加。

　　钼对豌豆生理功能有多方面的促进作用，能够促进根瘤的形成与生长，使根瘤数量增多、体积增大，从而使固氮量提高；可增加豌豆各组织的含氮量，提高蛋白氮与非蛋白氮的比率；还可提高叶片中的叶绿素含量；能促进豌豆植株对磷的吸收、分配和转化；能增强豌豆种子的呼吸强度，提高种子的发芽势和发芽力。正是由于钼对豌豆生理功能具有多方面的促进作用，在豌豆的生长发育过程中，钼能促进种子萌发，增加株高、节数和干物质量，使豌豆提前开花、结荚和成熟。且在增加荚数、每荚粒数和百粒重等方面，都有良好作用。常用的微量元素肥料有钼酸铵。钼酸铵对豌豆的增产效果因土壤不同而异，在碱性条件下，一些钼的氧化物即转化为水溶性的钼；在酸性条件下，有效态的钼（如钼酸根离子）或者被土壤中的活性铁、铝、锰所固定，或者被土壤中的黏土矿物和胶体所吸附，从而减少有效钼的含量。施钼效果好的土壤：一是含钼量较低的黄土母质、蛇纹石、石英岩风化物发育的土壤，即酸性有机质土；二是酸性土壤（pH 小于 6），如沙性黄壤、红壤、砖红壤、赤红壤等；三是含钼量很低的中性土壤或石灰性土壤，尤其是易受旱的石灰性土壤，施钼肥效果更好。

　　豌豆对铜很敏感。铜是各种氧化酶活化基的核心元素，在催化氧化还原反应方面起着重要作用，能促进叶绿素形成和蛋白质合成，并能够提高其呼吸强度，缺铜土壤同时也缺硼，在这些土壤上施用铜有良好效果。

　　豌豆对硼比较敏感，硼参与分生组织的分化，促进花粉萌发，保证花粉管迅速进入子房，因而也就保证了种子的形成。硼对根系发育、根瘤形成、固氮能力的提高也有重要的作用。因此，在苗期、花期根外喷施硼肥有明显的增产效果。碱性土、大量施用过石灰的土壤、有机质含量低的土壤、淋溶现象严重的酸性土壤，尤其是沙性土壤易缺硼，施用效果好。

第三章
豌豆品种类型与高产良种

第一节　概　　述

　　按照植物学分类，豌豆通常分为蔬菜豌豆和谷实豌豆。蔬菜豌豆又称为白花豌豆。花白色，籽实球形，有黄色、白色或微绿蓝色，皮皱不平滑，含糖分较多，多作蔬菜、罐头或采收嫩荚用。植株较柔弱，易遭霜害。我国长江流域以及南方种植蔬菜豌豆较多。谷实豌豆又称为紫花豌豆，花紫色，也有红色或灰蓝色，籽粒呈灰白色、淡红色、灰黄色、灰褐色等，或灰中带有各种颜色的斑点，籽粒多平滑无皱裂，植株较高大，能耐霜寒及抵抗不良环境，籽粒品质稍差，可供人类食用或作为家畜饲料。我国长江以北地区和西北地区种植谷实豌豆较多。

　　从农艺性状分类，蔬菜豌豆可分为硬荚和软荚 2 种，谷实豌豆多为硬荚。从种子性状分类，可分为圆粒种、皱缩种和凹入种3 类。从生长习性分类，可分为蔓生型、半蔓生型、矮生型 3 类。从熟期分类，可分为早熟、中熟、晚熟 3 类。从籽粒大小分类，可分为大粒、中粒、小粒 3 类。

第二节　豌豆的优良品种

一、坝豌 1 号

品种来源：河北省张家口市农业科学院于 1996 年以生食荷

兰豆为母本、Azur 为父本，经杂交选育而成，原品系代号为 96-85-19。2010 年通过国家小宗粮豆品种鉴定委员会鉴定，鉴定编号为国品鉴杂 2010004。

特征特性：春播生育期 90 天。植株半无叶直立（托叶正常，羽状复叶全部变成卷须相互缠绕直立，直至成熟），幼茎绿色，株高 50.9 厘米，主茎一般不分枝。花白色，多花多荚，双荚率超过 75.0%。单株荚数 8.1 个，豆荚长 6.1 厘米，马刀形，成熟荚黄色，单荚粒数 4.2 粒。籽粒球形，种皮绿色，黄脐，百粒重 23.9 克。干籽粒蛋白质含量 20.88%，淀粉含量 55.91%，脂肪含量 1.64%。结荚集中，成熟一致不炸荚。防风、抗倒伏性强，耐旱性、耐瘠性强，抗豌豆白粉病。

产量表现：2001—2003 年开展品种比较试验，3 年平均产量为 3 558.0 千克/公顷，比对照品种（草原 11 号）增产 18.4%。2006—2008 年开展国家区域试验，10 个试验点 3 年平均产量为 2 370.0 千克/公顷，比对照品种（草原 224）增产 11.2%。2008 年开展国家生产试验，宁夏固原、甘肃定西、西藏拉萨 3 个试验点的平均产量为 2 773.5 千克/公顷，比对照品种（草原 224）增产 30.5%。

利用价值：粒大，籽粒绿色，适于制作罐头、膨化加工、速冻保鲜等。

栽培要点：河北坝上地区春播，一般在 4 月底至 5 月初播种，最晚不超过 5 月 25 日。播前应适当整地，施足底肥，结合整地施氮磷钾复合肥 225～300 千克/公顷。一般播种量 225 千克/公顷，播种深度 5 厘米左右，行距 33 厘米，株距 5 厘米，种植密度 60 万株/公顷。选择中等肥力地块，忌重茬。及时中耕除草，防治病虫害。如花期遇旱，应适当灌水。荚果壳变黄、籽粒变硬、进入成熟期适时收获。

适宜地区：适宜在河北、甘肃、宁夏、西藏、辽宁等春播豌豆产区种植。

二、冀张豌 2 号

品种来源：河北省张家口市农业科学院于 1997 年以澳大利亚豌豆材料 ATC3387 为母本、八架豌豆为父本，经杂交选育而成，原品系代号为 99-3-6-5。2012 年通过河北省科学技术厅登记，登记编号为 20120786。

特征特性：春播生育期 93 天。植株半蔓生，幼茎绿色，株高 56.0 厘米，主茎分枝 1.6 个，花白色。单株荚数 9～15 个，荚长 5.1 厘米，直荚，成熟荚黄色，单荚粒数 3～5 粒。籽粒球形，种皮淡黄色，黄脐，百粒重 24.4 克。干籽粒蛋白质含量 21.93%，淀粉含量 57.51%，脂肪含量 1.20%。结荚集中，成熟一致不炸荚。采用病圃种植鉴定为抗根腐病，大田自然发病情况下鉴定为抗白粉病。

产量表现：2006—2007 年开展品种比较试验，两年平均产量为 3 480.8 千克/公顷，比对照品种（前进 1 号）增产 17.4%。2008—2009 年在河北张家口开展区域试验，5 个试验点两年平均产量为 3 159.0 千克/公顷，比对照品种（前进 1 号）增产 14.4%。2010 年在河北张家口开展生产试验，在张北、崇礼、沽源、康保及张家口市农业科学院张北试验基地 5 个试验点的平均产量为 3 601.5 千克/公顷，比对照品种（前进 1 号）增产 10.2%。

利用价值：粒大，籽粒淡黄色，适用于粉丝等食品加工。

栽培要点：河北坝上地区春播，一般在 4 月至 5 月初播种，最晚不超过 5 月 25 日。播前适当整地，施足底肥，结合整地施氮磷钾复合肥 225～300 千克/公顷。一般播种量 120～150 千克/公顷，播种深度 5 厘米左右，行距 40 厘米左右，株距 5 厘米，种植密度 50 万株/公顷。选择中等肥力地块，忌重茬。及时中耕除草，防治病虫害。如花期遇旱，应适当灌水。荚果壳变黄、籽粒变硬、进入成熟期适时收获。

适宜地区：适宜在河北西北部高寒区及类似生态类型区种植。

三、品协豌 1 号

品种来源：山西省农业科学院农作物品种资源研究所于 2003 年从国外引进的无叶豌豆优良品种 Celeste 中选择变异单株，经系统选育而成，原品系代号为 0312。2010 年通过山西省农作物品种审定委员会认定，认定编号为晋审豌（认）2010002。

特征特性：在山西春播生育期 95～105 天。有限结荚习性，直立半无叶，幼茎绿色，成熟茎黄白色，株高 55.0～65.0 厘米，花白色，每个花序 2.0 朵花。单株荚数 10～12 个，软荚，荚长 5.0～6.0 厘米、宽 1.5 厘米，单荚粒数 5～6 粒。籽粒圆形，种皮白色，表面光滑，百粒重 26.0～28.0 克。干籽粒蛋白质含量 24.63%，淀粉含量 52.76%，脂肪含量 1.04%。抗病性强，防风、抗倒伏性强。

产量表现：2008—2009 年在山西开展豌豆品种区域试验，两年平均产量为 2 914.5 千克/公顷，比对照品种（晋豌豆 2 号）平均增产 30.1%。

利用价值：适用于干籽粒食用、优质淀粉加工。

栽培要点：大田露地在地表解冻后，5 厘米地温在 2℃时顶凌播种，采用一体机一次作业完成旋耕、施肥、播种、镇压全套工作，播种量 150～180 千克/公顷，行距 25 厘米，株距 4～6 厘米，种植密度 52.5 万～75.0 万株/公顷。一般一次性施入尿素 225 千克/公顷、过磷酸钙 750 千克/公顷。出苗后不需间苗、定苗，苗高 5～7 厘米和 15 厘米左右时，分别进行 1 次中耕除草。孕蕾期和花荚期分别浇水 1 次，水量不宜过大。苗高 20 厘米时，及时防治豌豆潜叶蝇，视虫情防治 2～3 次。植株茎叶和荚果变黄、荚尚未开裂时连株收获，可采用收割机进行收获，及时晾晒，籽粒含水量 12%时即可入库保存。

适宜地区：适宜在山西、高寒冷凉山区及生态类型相似的春播区域种植。

四、晋豌豆 5 号

品种来源：山西省农业科学院高寒区作物研究所于 1999 年以 Y-22 为母本、保加利亚豌豆为父本，经杂交选育而成，原品系代号为同豌 711。2011 年通过山西省农作物品种审定委员会认定，认定编号为晋审豌（认）2011001。2018 年通过农业农村部非主要农作物品种登记，登记编号为 GPD 豌豆（2018）140013。

特征特性：生育期 82 天。株型直立，株高 65.0 厘米，茎绿色，主茎节数 13.0 节，主茎分枝 3.4 个，单株荚数 16.0 个，单荚粒数 6.0 粒，荚长 5.0 厘米、宽 1.7 厘米。复叶属半无叶类型，花白色。硬荚，成熟荚黄色，籽粒球形，种子表面光滑，种皮白色，百粒重 25.0 克。田间生长整齐一致，生长势强，耐旱性中等，耐寒性强，抗病性强，适应性广。2010 年农业部谷物及制品质量监督检验测试中心（哈尔滨）品质分析：籽粒蛋白质（干基）含量 29.41%，淀粉（干基）含量 53.11%。

产量表现：2008 年在山西开展区域试验，5 个试验点平均产量为 1 581.0 千克/公顷，比对照品种（晋豌豆 2 号）增产 4.0%，居第二位。2009 年在山西开展区域试验，5 个试验点平均产量为 1 719.0 千克/公顷，比对照品种（晋豌豆 2 号）增产 16.7%。两年平均产量为 1 650.0 千克/公顷，比对照品种（晋豌豆 2 号）增产 10.3%。

利用价值：干籽粒粒用类型品种，商品性好，适用于豆面加工。

栽培要点：施入适量腐熟农家肥以及磷肥 300～450 千克/公顷、钾肥 75～120 千克/公顷。一般在 3 月下旬至 4 月上旬播种为宜。及时中耕除草松土 2～3 次，苗期结合浇水，追施尿素

75 千克/公顷，在植株旺盛生长期和开花结荚后各追肥 1 次。及时防治蚜虫、菜青虫、潜叶蝇等虫害以及白粉病、锈病等病害，每隔 1 周喷药 1 次。

适宜地区：适宜晋北春播，晋中、晋南复播及类似生态地区栽培种植。

五、晋豌豆 7 号

品种来源：山西省农业科学院高寒区作物研究所于 2004 年以 Y-57 为母本、右玉麻豌豆为父本，经杂交选育而成，原品系代号为 W03-6。2015 年通过山西省农作物品种审定委员会认定，认定编号为晋审豌（认）2015002，公告号为晋农业厅公告〔2015〕016 号。2018 年通过农业农村部非主要农作物品种登记，登记编号为 GPD 豌豆（2018）140012。

特征特性：生育期 92 天。株高 97.8 厘米。植株翠绿色，花紫色，主茎分枝 2.6 个，单株荚数 6.0 个，单荚粒数 4.6 粒。种皮麻紫色，百粒重 24.2 克。抗豌豆食心虫，耐寒性、耐旱性强。经农业农村部谷物及制品质量监督检验测试中心（哈尔滨）品质分析：籽粒蛋白质（干基）含量 28.62%，脂肪（干基）含量 13.05%。

产量表现：2014—2015 年山西省豌豆区域试验平均产量为 1 495.5 千克/公顷，比对照品种（晋豌豆 2 号）增产 9.7%，10 个试验点全部增产。其中，2014 年平均产量为 1 653.0 千克/公顷，比对照品种（晋豌豆 2 号）增产 10.3%；2015 年平均产量为 1 338.0 千克/公顷，比对照品种（晋豌豆 2 号）增产 9.0%。

利用价值：鲜食嫩荚类型品种。

栽培要点：适量腐熟农家肥与氮磷钾复合肥混施作底肥，山西北部春播以 4 月中旬播种为宜。适宜种植密度 49.5 万株/公顷，条播行距 25～40 厘米，株距 4～6 厘米，播种深度宜为 3～5 厘米。松土保墒。及时防治蚜虫、菜青虫、潜叶蝇等虫害以及白粉病、锈病等病害，每隔 1 周喷药 1 次。注意克服花期干旱，避免连作重茬。

适宜地区：适宜在山西北部豌豆产区栽培种植。

六、同豌 8 号

品种来源：山西省农业科学院高寒区作物研究所于 2011 年以 Y-55 为母本、汾豌 1 号为父本，经杂交选育而成，原品系代号为 2011-65。2021 年通过农业农村部非主要农作物品种登记，登记编号为 GPD 豌豆（2021）140027。

特征特性：生育期 94 天。株高 56.5 厘米。植株翠绿色，花白色，主茎分枝 2.1 个，主茎节数 20.0 节，单株荚数 6.7 个，单荚粒数 4.1 粒，荚长 4.1 厘米。种皮白色，百粒重 17.7 克。农业农村部谷物及制品质量监督检验测试中心（哈尔滨）品质分析：干籽粒蛋白质含量 29.10%，淀粉含量 55.20%，纤维含量 6.09%。耐寒性、耐旱性强。

产量表现：2017—2018 年开展品种比较试验，平均产量为 1 240.5 千克/公顷，比对照品种（晋豌豆 3 号）增产 3.6%。2018—2019 年参加食用豆产业技术体系春播区豌豆新品种联合鉴定试验，在山西大同综合试验站的产量表现：两年平均产量为 1 024.5 千克/公顷，比对照品种（中豌 6 号）增产 3.4%。

利用价值：鲜食嫩荚类型品种。

栽培要点：整地施基肥，选择土壤肥沃、排水良好的土壤，结合整地，施入适量腐熟农家肥以及磷肥 300～450 千克/公顷、钾肥 75～120 千克/公顷、尿素 120 千克/公顷左右。山西北部春播以 3 月下旬至 4 月中旬播种为宜。适宜种植密度 46.5 万株/公顷，条播行距 25～40 厘米，株距 4～6 厘米，播种深度以 3～5 厘米为宜。从出苗后到植株封垄前，应及时中耕除草松土 2～3 次，中耕深度不宜超过 15 厘米。发生锈病和白粉病时，可用高效低毒农药防治。注意克服花期干旱，避免连作重茬。

适宜地区：适宜在山西北部豌豆产区栽培种植。

七、科豌 2 号

品种来源：辽宁省经济作物研究所于 2004 年以从中国农业科学院作物科学研究所引进的豌豆资源为材料，经定向系统选育而成，原品系代号为 1428-63。2008 年通过辽宁省非主要农作物品种备案委员会备案，备案编号为辽备菜［2007］332 号。

特征特性：春播区生育期 95 天。直立生长，株高 60.0～70.0 厘米。幼茎绿色，少分枝，主茎节数 16.0 节。无复叶。初花节位 7～9 节，花白色，双花花序。单株荚数 6～8 个，鲜荚淡绿色，荚长 7.0～8.0 厘米、宽 1.5 厘米，直荚，尖端呈钝角形，硬荚型，单荚粒数 5～8 粒。成熟籽粒种皮黄白色，种脐白色，表面光滑，百粒重 25.0～27.0 克。干籽粒蛋白质含量 25.12%，淀粉含量 21.74%。

产量表现：2005—2006 年在辽宁开展多点生产试验，干籽粒平均产量为 2 925.0 千克/公顷，最高产量为 3 375.0 千克/公顷，比当地主栽品种（中豌 6 号）平均增产 14.7%。

利用价值：干籽粒粒用类型品种，适用于生产豌豆粉、豆沙馅。

栽培要点：3 月中下旬即可顶凌播种。一般播种量 225 千克/公顷，条播，行距一般 25～30 厘米，最佳群体密度 60 万～80 万株/公顷，播种深度以 3～7 厘米为宜。一般不间苗、定苗，但幼苗易受草害，需中耕除草 2～3 次。在开花前期和荚果灌浆期，如无降水或很少降水时，应各灌溉 1 次最为合适，应及时防治锈病、豌豆象等病虫害。当荚壳变黄时收获，及时晾晒、脱粒及清选，籽粒含水量低于 14% 时可入库储藏。

适宜地区：可在辽宁、河北及其周边地区种植。

八、科豌嫩荚3号

品种来源：辽宁省经济作物研究所于 2006 年以从中国农业科学院作物科学研究所引进的豌豆资源 G04441 为材料，经定向系统选育而成，原品系代号为 02-G4441-101。2010 年通过辽宁省非主要农作物品种备案委员会备案，备案编号为辽备菜〔2009〕375 号。

特征特性：从播种到嫩荚采收需 85 天。直立生长，株高 70.0～80.0 厘米。幼茎绿色，茎节紫色，少分枝，主茎节数 20.0 节。无复叶。初花节位 14～16 节，花心粉色，边缘白色，双花花序。单株荚数 8～10 个，鲜荚淡绿色，荚长 6.0～8.0 厘米、宽 1.2 厘米，直荚，尖端呈锐角形，软荚型，单荚粒数 6～8 粒。鲜籽粒绿色、球形，成熟籽粒种皮褐色，种脐褐色，表面光滑，百粒重 23.0 克。干籽粒蛋白质含量 23.30%，淀粉含量 58.50%，脂肪含量 1.30%。

产量表现：2007—2008 年在辽宁开展区域试验，青荚平均产量为 12 180.0 千克/公顷，比对照品种（当地软荚品种）平均增产 7.3%。2008 年在辽宁开展多点生产试验，平均产量为 10 320.0 千克/公顷，较当地对照品种平均增产 5.2%。

利用价值：兼用型品种，可食鲜豌豆荚，也可粒用，适用于加工制作豌豆粉等。

栽培要点：春播区 3 月中下旬即顶凌播种。播种量 187.5～225.0 千克/公顷，条播，行距 25～30 厘米，最佳群体密度 60 万～80 万株/公顷，播种深度以 3～7 厘米为宜，最多不超过 8 厘米。一般施适量农家肥以及过磷酸钙 225 千克/公顷、氯化钾 150 千克/公顷，播种时施入。豌豆一般不间苗、定苗，但幼苗易受草害，需中耕除草 2～3 次。在开花前期和荚果灌浆期，如无降水或很少降水时，各灌溉 1 次最为合适。注意及时防治锈病、豌豆象等病虫害。鲜豆荚宜在开花 12 天后、籽粒尚未充分膨大时开始采收。

适宜地区：主要适宜辽宁、河北、山东等地春播。

九、科豌 4 号

品种来源：辽宁省经济作物研究所于 2002 年以美国大粒豌豆为母本、G2181 为父本，经杂交选育而成，原品系代号为 LN0628。2010 年通过辽宁省非主要农作物品种备案委员会备案，备案编号为辽备菜〔2009〕376 号。

特征特性：从播种到嫩荚采收 65 天。直立生长，株高 30.0～35.0 厘米。幼茎绿色，少分枝，主茎节数 10.0 节。普通复叶叶型，叶片绿色。初花节位 4～5 节，花白色，单花花序。单株荚数 5.0 个，鲜荚绿色，荚长 7.0～8.0 厘米、宽 1.5 厘米，直荚，尖端呈钝角形，硬荚型，单荚粒数一般 5～7 粒。鲜籽粒绿色、球形，成熟籽粒种皮绿色、子叶绿色，表面褶皱，种脐灰白色，干籽粒百粒重 23.0 克。干籽粒蛋白质含量 25.90%，淀粉含量 57.54%，脂肪含量 1.00%。

产量表现：2007—2008 年在辽宁开展豌豆区域试验，青豌豆荚平均产量为 14 595.0 千克/公顷，比中豌 6 号平均增产 13.7%。2008 年在辽宁开展多点生产试验，青豌豆荚平均产量为 13 700.0 千克/公顷，比当地主栽品种增产 8.1%。

利用价值：适宜菜用、豆沙加工和粮用。

栽培要点：春播区在 3 月中下旬顶凌播种，播种量 225～260 千克/公顷。行距 30 厘米，采用条播，种植密度 97 万株/公顷左右。播前施入适量农家肥以及氮磷钾复合肥 225 千克/公顷。中耕除草 2～3 次，5 月中旬每隔 1 周喷施 30% 灭蝇胺悬浮剂 1 000～1 500 倍液 2～3 次，防治潜叶蝇。在开花 20～25 天后收青豌豆，荚壳变黄时收干豌豆。

适宜地区：主要适宜在辽宁、吉林、黑龙江等地春播。

十、科豌 5 号

品种来源：辽宁省经济作物研究所于 2006 年以从中国农业科学院作物科学研究所引进的豌豆资源 G0866 为材料，经系统选育而成，原品系代号为 G866-11-3-2。2013 年通过辽宁省非主要农作物品种备案委员会备案，备案编号为辽备菜［2013］041。

特征特性：从播种到嫩荚采收 75 天。半蔓生，株高 75.0 厘米。幼茎绿色，主茎分枝 1～3 个，主茎节数 17.0 节。普通复叶叶型，叶深绿色。初花节位 12～13 节，花白色，双花花序。单株荚数 6～8 个，鲜荚绿色，荚长 8.0 厘米、宽 1.4 厘米，直荚，尖端呈钝角形，硬荚型，单荚粒数 6～8 粒。鲜籽粒绿色、球形，成熟籽粒种皮绿色、子叶绿色，表面褶皱，种脐灰白色，干籽粒百粒重 19.0 克。干籽粒蛋白质含量 25.00%，淀粉含量 44.30%，脂肪含量 2.10%。

产量表现：2010 年开展品种比较试验，鲜荚平均产量为 16 758.0 千克/公顷，比对照品种（G00866）增产 9.5%，比中豌 6 号增产 16.9%，产量居参试品种第一位。2011—2012 年在辽宁开展多点生产试验，平均产量比对照品种（中豌 6 号）增加 15.0% 以上。

利用价值：鲜食籽粒类型豌豆品种。

栽培要点：3 月中下旬播种，根据播种技术和墒情尽量精播，播种量 187.5～225.0 千克/公顷。行距 30 厘米，采用条播，种植密度 82.5 万株/公顷左右。播种前施足底肥，应以农家肥为主，氮磷钾肥配合施用。苗期注意除草保苗。开花结荚期是需肥需水临界期，视情况及时浇水、追施尿素，以促荚保粒，幼苗期到开花结荚期要注意防治病虫害，青豌豆粒宜在开花后 18～20 天、荚果充分膨大而柔嫩时采收。

适宜地区：主要适宜在黑龙江、辽宁、吉林、陕西、山西等地春播。

十一、科豌 6 号

品种来源： 辽宁省经济作物研究所于 2005 年以韩国超级甜豌豆为母本、辽豌 4 号为父本，经杂交选育而成，原品系代号为0907-3。2013 年通过辽宁省非主要农作物品种备案委员会备案，备案编号为辽备菜 [2013] 042。

特征特性： 春播区从播种到嫩荚采收 65 天。有限结荚型，直立生长，株高 45.0 厘米。鲜茎绿色，少分枝，主茎节数 12.0节。叶片绿色，花白色，双花花序，初花节位 7～8 节。单株荚数 5～7 个，鲜荚绿色，荚长 7.0～8.0 厘米、宽 1.3 厘米，直荚，尖端呈钝角形，硬荚型，单荚粒数 5～7 粒。鲜籽粒绿色、球形，成熟籽粒种皮淡绿色、子叶绿色，表面褶皱，种脐灰白色，干籽粒百粒重 25.2 克。干籽粒蛋白质含量 27.80%，淀粉含量 44.20%，脂肪含量 2.00%。

产量表现： 2010—2011 年在辽宁开展多点生产试验，青豌豆荚平均产量为 14 055.0 千克/公顷，比当地主栽品种（中豌 6号）增产 11.7%；干籽粒平均产量为 2 700.0 千克/公顷，比当地主栽品种（中豌 6 号）增产 9.8% 以上。

利用价值： 适宜菜用。

栽培要点： 要实现鲜荚 10 000 千克/公顷以上的高产目标，宜选择土质疏松、有机质含量高、排灌方便的肥沃壤土。辽宁地区在不受霜冻的前提下最好早播，一般在 3 月中下旬播种，条播，行距 30～35 厘米，播种量 262.5 千克/公顷，种植密度约97.5 万株/公顷。播前施入适量农家肥以及氮磷钾复合肥 375～450 千克/公顷。幼苗期至开花期要注意防治潜叶蝇，当叶背面发现潜道时，及时喷施高效低毒农药，每隔 7 天喷施 1 次，共喷施 2～3 次防治。开花结荚期遇干旱要及时浇水 2～3 次，遇连雨天要及时排水。鲜食豌豆一般在开花后 18～20 天采收，采收后及时销售或速冻加工后于冷库储藏。

适宜地区：主要适宜在黑龙江、辽宁、吉林、山东、甘肃等地春播。

十二、科豌 7 号

品种来源：辽宁省经济作物研究所于 2006 年以从中国农业科学院作物科学研究所引进的豌豆资源 G0835（美国大粒豌）为材料，经定向系统选育而成，原品系代号为 G835-1-3。2016 年通过辽宁省非主要农作物品种备案委员会备案，备案编号为辽备菜 [2015] 045。

特征特性：从播种到嫩荚采收 75 天。半蔓生，有限结荚型，株高 62.0 厘米，主茎分枝 1～2 个。叶片深绿，鲜茎绿色，主茎节数 16.0 节。初花节位 10～11 节，花白色，双花花序。单株荚数 8～10 个，鲜荚绿色，荚长 9.0 厘米、宽 1.6 厘米，直荚，荚尖端呈钝角形，单荚粒数 7～8 粒。鲜籽粒绿色、球形，成熟籽粒种皮绿色、皱缩，干籽粒百粒重 22.0 克。干籽粒蛋白质含量 26.60%，淀粉含量 44.20%，脂肪含量 1.70%。

产量表现：一般产量为 12 000.0～16 500.0 千克/公顷，高者可达 18 000.0 千克/公顷以上。2011 年开展品种比较试验，平均产量为 18 409.5 千克/公顷，比对照品种（G0835）增产 10.7%，比中豌 6 号增产 19.2%，产量居参试品种第一位。2012—2013 年开展多点生产试验，平均产量比对照品种（中豌 6 号）增加 9.4%。

利用价值：粒大、皮薄，食味鲜美，易熟，香甜可口，尤适宜菜用。

栽培要点：北方春播在 3 月中下旬，播种越早越好。选择中等肥力地块，忌重茬，播前应适当整地，施足底肥。一般播种量 187.5～225.0 千克/公顷，播种深度 3～7 厘米，行距 25～30 厘米，株距 6～10 厘米，种植密度 75 万株/公顷。第一片复叶展开后间苗。及时中耕除草，并在开花前适当培土。适时喷药，防治潜叶蝇等危害。如花期遇旱，应适当灌水。当荚粒饱满时，即可采收青荚。当 70％植株荚果呈现枯黄色时，开始收获，及时晾晒、脱粒。籽粒含水量低于 13％时，即可入库保存，并及时熏蒸或冷藏处理以防止豌豆象危害。

适宜地区：适应性广，我国东北、华北、西北地区均可种植，在辽宁、吉林、黑龙江、山东等地表现良好。

十三、苏豌 2 号

品种来源：江苏沿江地区农业科学研究所于 1999 年以法国半无叶豌豆为母本、白豌豆为父本，经杂交选育而成，原品系代号为 WD2-10。2012 年分别通过国家小宗粮豆品种鉴定委员会、江苏省农作物品种审定委员会鉴定，鉴定编号为国品鉴杂 2012008、苏鉴豌 201201。

特征特性：鲜籽粒和干籽粒兼用型品种。江苏省秋播青荚采收期为 193 天。幼苗生长直立、深绿色，小叶退化为卷须，托叶腋无花青斑。株型直立，株高 54.6 厘米，主茎节数 14.3 节，主茎分枝 2.9 个，花柄上多着生 2 朵花，花白色。单株荚数 17.2 个，单荚粒数 3.8 粒，鲜荚长 7.2 厘米、宽 1.5 厘米，鲜籽粒百粒重 46.5 克。干籽粒圆形，种皮白色，子叶橙黄色，种脐淡黄白色，干籽粒百粒重 23.5 克。干籽粒蛋白质含量 23.90％，淀粉含量 62.00％，脂肪含量 1.00％。中抗白粉病，抗倒伏，耐寒性强。

产量表现：鲜荚产量 10 500.0～13 500.0 千克/公顷，干籽粒产量 2 250.0～3 000.0 千克/公顷。2009—2011 年参加江苏省鉴定试验，两年区域试验鲜荚平均产量为 11 910.8 千克/公顷，比对照品种（中豌 6 号）增产 26.0％；鲜籽粒平均产量为 5 508.8 千克/公顷，比对照品种增产 30.7％，出籽率 46.3％。2007—2010 年国家冬豌豆品种区域试验干籽粒平均产量为 1 827.0 千克/公顷；2010—2011 年国家春播试验干籽粒平均产量为 2 839.2 千克/公顷，比对照品种增产 4.2%。2007—2011 年国家冬播、春播豌豆区域试验干籽粒平均产量为 2 447.9 千克/公顷，比对照品种增产 9.8%。

利用价值：鲜籽粒和干籽粒兼用型豌豆，品质优良，商品价值高，清炒、煮食酥烂易起沙、口味清香，适宜速冻加工利用。

栽培要点：以旱作茬口较为理想。播前应适当整地，施入适量腐熟农家肥和氮磷钾复合肥 450 千克/公顷作基肥。适期播种，江苏秋播一般在 10 月 28 日至 11 月 5 日，采取穴播或宽窄行条播，行距 50 厘米，株距 13 厘米，每穴 3 粒，种植密度 45 万株/公顷。北方春播根据当地气候条件和种植习惯，适期早播，宽窄行条播，播种量 150～180 千克/公顷。肥水管理，冬后春前施磷酸氢二铵 225 千克/公顷左右；花荚期视长势可追施尿素 75～150 千克/公顷，增加结荚率和粒重；视墒情抗旱、排涝。适时喷药，防治潜叶蝇、豌豆象等虫害以及霜霉病、白粉病、锈病等病害，隔 7 天喷药 1 次。及时收获，江苏在 5 月上中旬，青豆荚鼓粒饱满时采摘，剥壳食鲜籽粒，分批采收上市；干籽粒在植株枯黄、豆荚黄白时及时收获，之后及时脱粒、晒干、熏蒸或冷藏。

适宜地区：适应性广，适宜在江苏、浙江、上海、四川、湖北以及长江中下游冬豌豆生态地区种植；在河北张北、甘肃合作、宁夏隆德、西藏拉萨等地可春播种植。

十四、苏豌 3 号

品种来源：江苏沿江地区农业科学研究所于 1999 年以法国半无叶豌豆为母本、白玉豌豆为父本，经杂交选育而成，原品系代号为 WD3-18。2009 年通过宁夏回族自治区农作物品种审定委员会审定，审定编号为宁审豆 2009004；2010 年通过国家小宗粮豆品种鉴定委员会鉴定，鉴定编号为国品鉴杂 2010003。

特征特性：鲜籽粒和干籽粒兼用型豌豆品种，江苏省秋播青荚采收期 195 天左右（国家区域试验北方春播区生育期 83～98 天，华东冬播区生育期 195～205 天）。幼苗生长直立、深绿色，小叶退化为卷须，托叶腋无花青斑。株高 49.8～60.0 厘米，主茎分枝 1.4～3.2 个，花柄上多着生 2 朵花，花白色。单株荚数 12.5 个，单荚粒数 3～6 粒。鲜荚长 7.2 厘米、宽 1.6 厘米。干籽粒圆形，种皮白色，子叶橙黄色，种脐淡黄白色。干籽粒百粒重 24.0～27.0 克。干籽粒蛋白质含量 21.47%，淀粉含量 46.83%，脂肪含量 1.31%。中抗白粉病，抗倒伏，耐寒性强。

产量表现：干籽粒产量为 2 636.0～3 300.0 千克/公顷（鲜荚产量为 10 500.0～13 500.0 千克/公顷），高者可达 5 800.0 千克/公顷以上。2006—2008 年开展国家春播区 3 年区域试验，干籽粒平均产量为 2 636.5 千克/公顷，比对照品种（草原 224）增产 23.7%。2009 年开展国家春播豌豆区域试验，干籽粒平均产量为 3 630.0 千克/公顷，比对照品种（草原 224）增产 51.2%，比当地对照品种增产 8.7%。

利用价值：鲜籽粒和干籽粒兼用豌豆，适宜鲜籽粒速冻加工利用。

栽培要点：以旱作茬口较为理想，豌豆忌连作。播前应适当整地，施入适量腐熟农家肥和氮磷钾复合肥 450 千克/公顷作基肥；北方春播区在 3 月下旬至 4 月上旬播种，一般播种量 150～195 千克/公顷，行距 30 厘米，播种深度 5～7 厘米，种植密度 45 万～60 万株/公顷；江苏一般在 10 月 28 日至 11 月 5 日进行秋播，播种量 120～150 千克/公顷。播种采取穴播或宽窄行条播，行距 50 厘米，株距 13 厘米，每穴 3 粒，保苗 37.5 万～52.5 万株/公顷；冬后春前施磷酸氢二铵 225 千克/公顷左右；花荚期视长势可追施尿素 75～150 千克/公顷，增加结荚率和粒重；视墒情抗旱、排涝。适时喷药，防治潜叶蝇、豌豆象等危害；及时收获，江苏在 5 月上中旬、青豆荚鼓粒饱满时采摘，剥壳食鲜籽粒，分批采收上市；干籽粒在植株枯黄、豆荚黄白时及时收获，之后及时脱粒、晒干、熏蒸或冷藏。

适宜地区：适应性广，适宜在江苏、浙江等冬播区种植，辽宁辽阳、宁夏固原、青海西宁、内蒙古武川等地可春播种植。

十五、苏豌 4 号

品种来源：江苏沿江地区农业科学研究所于 2000 年以半无叶豌豆 OWD2 为母本、如皋扁豌豆为父本，经杂交选育而成，原品系代号为 WZ-46。2012 年通过江苏省农作物品种审定委员会鉴定，鉴定编号为苏鉴豌 201202。

特征特性：软荚型，食鲜荚鲜籽粒型半无叶豌豆品种，江苏省青荚采收期 180 天。幼苗生长直立、深绿色，小叶退化为卷须，托叶腋无花青斑。株高 54.8 厘米；主茎分枝 3.5 个，花柄上多着生 2 朵花，花白色。单株荚数 17.8 个，单荚粒数 4.1 粒，单株粒数 72.8 粒。鲜荚长 6.5 厘米、宽 1.2 厘米，鲜籽粒百粒重 43.0 克。干籽粒圆形，种皮白色，子叶橙黄色，种脐淡黄白色，干籽粒百粒重 23.8 克。中抗白粉病，抗倒伏，耐寒性较强。

产量表现：鲜荚产量 9 000.0～12 000.0 千克/公顷。2009—2011 年在江苏开展区域试验，鲜荚平均产量为 11 639.5 千克/公顷，比对照品种（中豌 6 号）增产 23.7%；鲜籽粒平均产量为 5 052.6 千克/公顷，比对照增产 19.9%，出籽率 43.4%。

利用价值：鲜籽粒和干籽粒兼用型豌豆，适宜鲜籽粒速冻加工利用。

栽培要点：茬口安排，以旱作茬口较为理想，豌豆忌连作。播前应适当整地，施入适量腐熟农家肥和氮磷钾复合肥 450 千克/公顷作基肥；适期播种，一般 10 月 28 日至 11 月 5 日进行播种，播种量 120～150 千克/公顷。播种采取穴播或宽窄行条播，行距 50～60 厘米，株距 15 厘米，每穴 3 粒，保苗 30 万～45 万株/公顷；冬后春前施磷酸氢二铵 225 千克/公顷左右，花荚期视长势可追施尿素 75～150 千克/公顷；视墒情抗旱、排涝；及时防治潜叶蝇、豌豆象等危害；江苏在 5 月上中旬、青豆荚饱满时采摘，剥壳食鲜籽粒，分批采收上市；干籽粒在植株枯黄、豆荚黄白时及时收获，之后及时脱粒、晒干并熏蒸或冷藏。

适宜地区：适宜在江苏冬播豌豆生态区种植。

十六、苏豌 5 号

品种来源：江苏沿江地区农业科学研究所于 2000 年以半无叶豌豆 OWD1 为母本、改良奇珍 76 为父本，经杂交选育而成，原品系代号为 WZ-8。2012 年通过江苏省农作物品种审定委员会鉴定，鉴定编号为苏鉴豌 201203。

特征特性：鲜籽粒和干籽粒兼用型豌豆品种，江苏秋播鲜荚采收期 195 天。幼苗生长直立、深绿色，小叶退化为卷须，托叶腋无花青斑。株高 55.2 厘米，主茎分枝 3.2 个，花柄上多着生 2 朵花，花白色。单株荚数 16.7 个，单荚粒数 3.9 粒，单株粒数 65.3 粒。鲜荚长 6.3 厘米、宽 1.3 厘米，鲜籽粒百粒重 45.1 克。干籽粒圆形，种皮白色，子叶橙黄色，种脐淡黄白色，干籽粒百粒重 24.2 克。干籽粒蛋白质含量 24.20%，淀粉含量 61.20%，脂肪含量 0.80%。中抗白粉病，抗倒伏，耐寒性强。

产量表现：鲜荚产量 9 000.0～12 000.0 千克/公顷。2009—2011 年在江苏开展区域试验，鲜荚平均产量为 11 580.3 千克/公顷，比对照品种（中豌 6 号）增产 14.6%；鲜籽粒平均产量 4 918.0 千克/公顷，比对照品种增产 16.7%，出籽率 45.5%。

利用价值：鲜籽粒和干籽粒兼用型豌豆品种，适宜鲜籽粒速冻加工利用。

栽培要点：茬口安排，以旱作茬口较为理想，豌豆忌连作。播前应适当整地，施入适量腐熟农家肥和氮磷钾复合肥 450 千克/公顷作基肥。适期播种，一般在 10 月 28 日至 11 月 5 日进行播种，播种量 120～150 千克/公顷。播种采取穴播或宽窄行条播，行距 50 厘米，株距 13 厘米，每穴 3 粒，保苗 37.5 万～

52.5 万株/公顷。肥水管理,冬后春前施磷酸氢二铵 225 千克/公顷左右;花荚期视长势可追施尿素 75~150 千克/公顷,增加结荚率和粒重;视墒情抗旱、排涝。适时喷药,防治潜叶蝇、豌豆象等虫害以及霜霉病、白粉病、锈病等病害,隔 7 天喷药 1 次。及时收获,江苏在 5 月上中旬、青豆荚鼓粒饱满时采摘,剥壳食鲜籽粒,分批采收上市;干籽粒在植株枯黄、豆荚黄白时及时收获,之后及时脱粒、晒干并熏蒸或冷藏。

适宜地区:适宜在江苏冬播豌豆生态区种植。

十七、苏豌 7 号

品种来源:江苏沿江地区农业科学研究所于 2000 年以半无叶豌豆 OWD3 为母本、美国甜豌豆-1 为父本,经杂交选育而成,原品系代号为 WZ-31。2016 年通过国家小宗粮豆品种鉴定委员会鉴定,鉴定编号为国品鉴杂 2016001。

特征特性:鲜籽粒型和干籽粒兼用蔓生型豌豆品种。南方秋冬播区生育期 173~181 天(江苏青荚采收期 195 天左右)。幼苗生长直立、深绿色,小叶退化为卷须,托叶中等大小,托叶腋无花青斑。幼茎绿色,成熟茎黄色。株高 110.5 厘米,主茎分枝 3.1 个,主茎节数 18.6 节,单株荚数 18.9 个,单荚粒数 3.7 粒。花白色,成熟荚橙黄色,荚长 6.5 厘米。籽粒呈圆形,种皮白色,子叶绿色,种脐淡黄白色,百粒重 21.5 克。干籽粒蛋白质含量 25.97%,淀粉含量 56.83%,脂肪含量 2.28%。中抗白粉病,抗倒伏,耐寒性强。

产量表现:干籽粒产量为 2 250.0~4 200.0 千克/公顷。2011—2014 年开展国家冬豌豆区域试验,平均产量为 2 256.6 千克/公顷,比参试品种增产 7.8%。2013—2014 年开展生产试验,平均产量为 1 886.0 千克/公顷,比当地对照品种增产 15.6%。

利用价值:鲜籽粒、干籽粒及饲用兼用型豌豆,适宜速冻加工利用。

栽培要点：以旱作茬口较为理想。播前应适当整地，施入适量腐熟农家肥和氮磷钾复合肥 300 千克/公顷作基肥。适期播种，江苏秋播一般在 10 月 28 日至 11 月 5 日进行播种，播种量 120～150 千克/公顷。播种采取穴播或宽窄行条播，行距 50～60 厘米，株距 15～20 厘米，每穴 3～4 粒，保苗 22.5 万～37.5 万株/公顷。肥水管理，冬后春前施磷酸氢二铵 225 千克/公顷左右；花荚期视长势可追施尿素 75～150 千克/公顷，增加结荚率和粒重；视墒情抗旱、排涝。适时喷药，防治潜叶蝇、豌豆象等危害。青豆荚鼓粒饱满时采摘，剥壳食鲜籽粒，分批采收。干籽粒在植株枯黄、豆荚黄白时及时收获，之后及时脱粒、晒干并熏蒸或冷藏。

适宜地区：适宜在湖北、江苏等秋冬播区种植。

十八、皖豌 1 号

品种来源：安徽省农业科学院作物研究所于 1999 年以地方资源蒙城白豌豆为母本、中豌 4 号为父本，经杂交选育而成，原品系代号为 F806-01。2012 年通过安徽省非主要农作物品种鉴定登记委员会鉴定，鉴定编号为皖品鉴登字第 1014001。

特征特性：冬播生育期 201 天，春播鲜食生育期 92 天，鲜食生育期比对照品种（中豌 6 号）晚熟 1～2 天。植株直立紧凑、整齐，株高 54.8 厘米，花白色，有效分枝 2.3 个，单株荚数 13.6 个，单荚粒数 7.5 粒。干籽粒绿色，圆形，种皮光滑，荚长 8.6 厘米、宽 2.2 厘米。干籽粒百粒重 23.1 克，鲜籽粒百粒重 40.6 克。干籽粒蛋白质含量 23.56%，淀粉含量 51.38%。该品种在田间未见白粉病发生，赤斑病和根腐病发生较轻，抗病性较好。

产量表现：2008—2009 年在安徽开展两年多点鉴定试验，干籽粒最高产量为 3 541.0 千克/公顷，平均产量为 3 150.0 千克/公顷，比对照品种（中豌 6 号）增产 9.8%；鲜籽粒平均产量为 6 108.0 千克/公顷，比对照品种（中豌 6 号）增产 11.2%。2010—

2011 年开展生产试验，干籽粒平均产量为 3 012.0 千克/公顷，比对照品种（中豌 6 号）增产 8.4%；鲜籽粒平均产量为 5 891.0 千克/公顷，比对照品种（中豌 6 号）增产 7.3%。2016—2017 年在安徽省农业科学院岗集基地良种繁育，干籽粒平均产量为 3 721.0 千克/公顷，鲜籽粒平均产量为 6 159.0 千克/公顷。

利用价值：鲜食籽粒类型豌豆。

栽培要点：秋播区在 10 月下旬至 11 月中下旬播种，适宜种植密度 22.5 万～30.0 万株/公顷，播种量 120～150 千克/公顷；春播一般在 1 月下旬至 2 月上旬，适宜种植密度 60 万～70 万株/公顷，播种量 260～300 千克/公顷。肥力中等田块基施氮磷钾复合肥 300～375 千克/公顷，地力较差的地块应适当补施腐熟农家肥或 75～150 千克/公顷尿素。播种前，可用种衣剂拌种。种植行距 30 厘米，株距 3～8 厘米，每穴 2～3 粒，播种深度 3～4 厘米，播种后 3～5 天喷施除草剂化学防草。在水分管理上，应做到旱能灌、涝能排。花荚期可适当喷施磷酸二氢钾叶面肥。及时防治豌豆象、蚜虫、潜叶蝇等虫害以及霜霉病、白粉病、锈病等病害，每周 1 次，喷施 2～3 次即可。籽粒饱满、色泽青绿色时进行鲜荚采收，注意保鲜处理，及时上市销售。干籽粒采收在叶片发黄、70%～80% 豆荚黄白时收获，待籽粒晒干至含水量 13% 以下及时脱粒，熏蒸后入库。

适宜地区：主要适宜在安徽江淮及淮河以北豌豆主产区种植。

十九、皖甜豌 1 号

品种来源：安徽省农业科学院作物研究所于 1999 年以地方资源蒙城白豌豆为材料，经多年系统选育而成，原品系代号为 S06-5。2012 年通过安徽省非主要农作物品种鉴定登记委员会鉴定，鉴定编号为皖品鉴登字第 1014003。

特征特性：冬播生育期 208 天，春播从出苗到收青荚 50～

55 天，冬播至收青荚 150～170 天。植株直立、紧凑、整齐，株高 63.0 厘米，花白色，有效分枝 3.1 个，单株荚数 14.2 个，单荚粒数 7.6 粒。干籽粒圆形，种皮绿色，软荚，嫩荚绿色，种皮光滑，荚长 9.6 厘米，荚宽 2.4 厘米。干籽粒百粒重 23.0 克。田间试验中白粉病未见发生，赤斑病和根腐病发生较轻，抗病性较好。

产量表现：2008—2009 年参加安徽合肥试验点品种比较试验，鲜荚平均产量为 12 900.0 千克/公顷，比对照品种（食荚大菜豌 1 号）增产 26.4％。2009—2010 年参加安徽合肥试验点品种比较试验，鲜荚平均产量为 13 650.0 千克/公顷，比对照品种（食荚大菜豌 1 号）增产 33.8％。2009—2010 年参加安徽淮北濉溪试验点品种比较试验，干籽粒比对照品种（中豌 6 号）增产 5.3％，居第一位；同年参加生产试验，干籽粒比对照品种（中豌 6 号）增产 1.4％。

利用价值：嫩荚肥嫩多汁，鲜食纤维较少、口感好。

栽培要点：秋播区在 10 月下旬至 11 月中下旬初播种，适宜种植密度 22.5 万～30.0 万株/公顷，播种量 120～150 千克/公顷；春播一般在 1 月下旬至 2 月上旬，适宜种植密度 60 万～75 万株/公顷，播种量 260～300 千克/公顷。播种前用多菌灵拌种。播种行距 30 厘米，株距 3～8 厘米，每穴 2～3 粒，播种深度 3～4 厘米，播种后 3～5 天喷施除草剂防草。在水分管理上，应做到旱能灌、涝能排。花荚期易遇连阴雨，需及时清沟排水，防止病害滋生。花荚期可适当喷施磷酸二氢钾叶面肥。及时防治豌豆象、蚜虫、潜叶蝇等虫害以及霜霉病、白粉病、锈病等病害，每周 1 次，喷施 2～3 次即可。籽粒饱满、色泽青绿色时进行鲜荚采收，注意保鲜处理，及时上市销售。干籽粒采收在叶片发黄、70％～80％豆荚黄白时进行，待籽粒晒干至含水量 13％以下及时脱粒，熏蒸后入库。

适宜地区：主要适宜在安徽江淮及淮河以北豌豆主产区种植。

二十、科豌 8 号

品种来源：山东省青岛市农业科学研究院于 2010 年以从加拿大引进的半无叶豌豆为材料，经系统选育而成，原品系代号为 Q73。2016 年通过辽宁省非主要农作物品种备案委员会备案，备案编号为辽备菜〔2015〕046。

特征特性：春播生育期 105 天，株高 100.0～120.0 厘米，主茎分枝 2～3 个，叶片深绿，鲜茎绿色，花白色，双花花序，有限结荚型。始荚高度 48.0 厘米，鲜荚绿色，鲜荚长 7.0 厘米、宽 1.0 厘米，直荚。单荚粒数 3～5 粒，单株荚数 14～20 个，成熟籽粒种皮绿色，百粒重 19.0 克。高抗白粉病，高抗倒伏。干籽粒蛋白质含量 26.85%，淀粉含量 66.90%，脂肪含量 0.90%。

产量表现：2012—2013 年开展新品系比较试验，平均产量为 3 157.5～3 451.5 千克/公顷。2013 年开展生产试验，在山东青岛、烟台莱阳、威海、潍坊以及辽宁辽阳 5 个试验点参试，产量为 2 719.5～3 300.0 千克/公顷，平均产量为 3 057.0 千克/公顷。

利用价值：淀粉含量高，可作为淀粉加工型品种推广利用。

栽培要点：山东地区冬播适宜播种期为 10 月中旬，春播适宜播种期为 2 月中下旬。播种量 150～225 千克/公顷，播种深度 3～4 厘米，行距 35～40 厘米，条播。结合耕翻土壤，施用氮磷钾复合肥 300 千克/公顷。冬前视墒情浇水，若无有效降水，在土壤封冻前（12 月上旬）浇一次大水。豌豆返青期先镇压后划锄，压碎坷垃、弥封裂缝、增温保墒。视土壤墒情浇水，若无有效降水，应在 3 月上旬及时浇返青水。苗期及时防治根腐病、地老虎。花荚期及时防治豆荚螟、蚜虫和潜叶蝇危害。80% 植株荚果呈现枯黄色时开始收获，收获后及时晾晒、脱粒及清选，并及时熏蒸或冷藏处理以防止豌豆象危害。

适宜地区：适宜在山东半岛地区、山东中部地区冬播或春播种植，也适宜在辽宁中部地区春播种植。

二十一、鄂豌 1 号

品种来源：湖北省农业科学院粮食作物研究所于 2005 年以地方品种当阳铁子为母本、科豌 1 号为父本，经杂交选育而成，原品系代号为鄂-3。2015 年通过湖北省农作物品种审定委员会审定，审定编号为鄂审杂 2015001。

特征特性：冬播生育期 194 天，有限结荚习性，生长较旺盛，株型紧凑，直立生长。幼茎绿色，成熟茎黄色，冬播株高 84.3 厘米，主茎分枝 3～4 个，复叶叶型半无叶，花蕾浅绿色，花白色。单株荚数 21.2 个，荚长 6.5 厘米，成熟荚黄色，马刀形，单荚粒数 5.7 粒。籽粒球形，种皮淡黄色，百粒重 17.6 克。干籽粒蛋白质含量 23.70％，淀粉含量 46.90％。成熟时熟相清秀，结荚集中，丰产性好。

产量表现：2011 年在湖北开展豌豆新品种比较试验，比对照品种（中豌 6 号）的生育期长 5 天，比对照品种（科豌 1 号）的生育期短 1 天，比对照品种（中豌 6 号）增产 17.2％，比对照品种（科豌 1 号）增产 34.9％。2012 年在湖北开展豌豆新品种比较试验，比对照品种（中豌 6 号）的生育期长 5 天，比对照品种（科豌 1 号）的生育期短 2 天，比对照品种（中豌 6 号）增产 5.7％，比对照品种（科豌 1 号）增产 22.5％。综合两年新品种比较试验，平均产量为 1 775.1 千克/公顷，比对照品种（中豌 6 号）增产 11.3％，比对照品种（科豌 1 号）增产 28.5％。

利用价值：籽粒黄白色，粒形饱满，商品外观好，干籽粒粒用类型。

栽培要点：湖北地区播种期从 10 月中旬至 11 月上旬，田地的选择应注重轮作换茬，种植密度为 27 万～30 万株/公顷。播种时，施用的基肥可选择氮磷钾复合肥 375 千克/公顷，播种后施用除草剂进行土壤封闭除草。花期用 0.4％磷酸二氢钾进行叶面喷肥，每7天1次，连续2次。豌豆干籽粒的采收应在上部荚果籽粒进入灌浆后期、中下部豆荚充分完熟呈现出成熟色、下部籽粒含水率为22％左右、籽粒颜色接近本品种的固有光泽时进行。

适宜地区：湖北及周边豌豆产区。

二十二、桂豌豆1号

品种来源：广西壮族自治区农业科学院水稻研究所于2015年从广西柳州市三江侗族自治县本地豌豆材料中系统选育而成，原品系代号为16-W115。

特征特性：普通株型，软荚型品种，于10月播种，翌年1月初可采收青荚，3月可收获干籽粒。植株半蔓生，叶浅绿色，叶表剥蚀斑较少，叶腋花青斑明显，复叶叶型为普通型，花紫红色，多花花序。株高168.5厘米，主茎分枝3～5个，单株荚数26.0个，单荚粒数8～10粒，荚长8.9厘米。鲜荚绿色，成熟荚黄白色，荚联珠形。鲜籽粒绿色、球形，干籽粒扁球形、表面凹坑、种皮褐色，干籽粒百粒重35.0克，单株干籽粒产量68.5克。耐旱性强，抗白粉病。

产量表现：青荚产量15 000.0～22 500.0千克/公顷，干籽粒产量1 500.0～3 000.0千克/公顷，最高产量可达3 225.0千克/公顷以上。2017—2018年开展品种比较试验，青荚平均产量为20 310.0千克/公顷，比对照品种增产15.7％；干籽粒平均产量为2 034.0千克/公顷。2018—2020年在广西南宁市武鸣区、崇左市大新县、北海市合浦县、梧州市苍梧县和玉林市陆川县开展的生产试验中，青荚平均产量为18 473.4千克/公顷，比对照品种增产11.6％；干籽粒平均产量为1 809.5千克/公顷，比对照品种增产8.1％。

利用价值：鲜食茎叶、鲜食籽粒类型豌豆。

栽培要点：适宜播种时间为9—10月，忌连作。种植行距

70～80 厘米，播种深度 4～6 厘米，种植密度 22.5 万～35.0 万株/公顷，播种量 80～120 千克/公顷。可条播或穴播，穴播时穴距 25 厘米左右，每穴种植 2～3 粒。为了方便排水和采摘，建议起畦搭架种植，每畦 2～4 行。植株长至 30 厘米左右搭架，并用细绳将豌豆引至竹竿上。播种前施用氮磷钾复合肥约 300 千克/公顷或农家肥约 30 吨/公顷作底肥或种肥，之后根据土壤肥力状况和采收次数进行追肥，以氮肥为主，分 3～5 次施用。播种后视墒情及时灌水，保证豌豆出苗，降水较多时应及时排涝，干旱时应及时浇水。注意防治蚜虫、潜叶蝇。在开花后 12～14 天，当幼荚充分长大、尚未开始鼓粒时采收。

适宜地区：适于在广西各地种植，在江苏、重庆、安徽以及山东青岛、河北张家口等地表现良好。

二十三、渝豌 1 号

品种来源：由重庆市农业科学院和甘肃省农业科学院作物研究所合作，2015 年以甘肃古浪麻豌豆为母本、Afila 为父本，经杂交选育而成，原品系代号为 S3006。2019 年通过重庆市农作物品种审定委员会鉴定，鉴定编号为渝品审鉴 2019039。

特征特性：生育期 176 天，生长习性直立，株高 100.8 厘米，开花习性无限。主茎分枝 1.1 个，复叶叶型半无叶，花紫色。荚质硬，马刀形，鲜荚绿色，成熟荚浅黄色。单株荚数 8.4 个，单荚粒数 4.2 粒，百粒重 19.9 克。干籽粒种皮褐色，种脐灰白色，子叶绿色，籽粒表面凹坑。干籽粒蛋白质含量 26.30%，淀粉含量 48.60%，脂肪含量 0.85%，膳食纤维含量 14.50%。

产量表现：2018—2019 年参加重庆市豌豆区域试验，产量达到 2 347.5 千克/公顷，位居参试品种的第一位，比对照品种（巫山紫花豌）增产 39.5%。该品种在重庆 4 个县（市、区）进行了小面积的试验示范，干籽粒平均产量在 1 950.0 千克/公顷以上。由于该品种直立抗倒伏、花色鲜艳，吸引了大量的当地游客，示范效果良好。

利用价值：适用于林下间作套种生产干籽粒，也可作为景观植物种植等。

栽培要点：秋播区在 10 月中下旬播种。开槽点播，行距50 厘米，株距 10～15 厘米；可用腐熟农家肥与细沙土以 1∶2的比例混合后盖种。施氮磷钾复合肥 330 千克/公顷作基肥；播种后立即用除草剂喷雾，对土壤进行封闭处理，防止杂草生长；在豌豆盛花期或发病初期，用高效低毒杀菌剂喷雾，每 7～15 天喷雾 1 次，连续喷药 3～4 次防治白粉病、锈病等病害。在豌豆初花期至盛花期，用高效低毒杀虫剂喷雾防治豌豆象成虫和潜叶蝇，每隔 7～10 天喷施 1 次，喷施 5～7 次。根据豆荚的用途及时采收，依豆荚鼓粒程度灵活掌握采收日期。若以食青豆粒为主，在豆荚已充分鼓起、豆粒已达 70%饱满、豆荚刚要开始转色时采收。若以食干豆粒为主，在绝大多数豆荚变黄但没有开裂时，抢晴在上午进行采收，收获后置于避雨通风处，放置 7～10天，选择晴天晾晒、脱粒，充分晒干后装入坛内存放。

适宜地区：适宜甘肃、重庆以及生态类型相似的区域种植。

二十四、成豌 10 号

品种来源：四川省农业科学院作物研究所以自主选育高代品系 9257-1-1 为母本、地方品种白豌豆为父本，经杂交选育而成，原品系代号为早 288-1。2015 年通过四川省农作物品种审定委员会审定，审定编号为川审豆 2015007。

特征特性：生育期 175 天。无限开花习性，半直立生长。幼茎绿色，成熟茎黄色，株高 66.2 厘米。主茎分枝 4.0 个，复叶有须，叶深绿色，倒卵圆形叶，花白色。单株节数在 10.0 节以上，单株荚数 13.4 个，单株粒数 69.7 粒，单荚粒数 5.4 粒，成熟荚黄白色、直荚，嫩荚深绿色。干籽粒种皮白色，种脐白色，百粒重 17.3 克。干籽粒蛋白质含量 23.30%，淀粉含量 39.70%。抗白粉病、茎腐病，耐旱性强。

产量表现：2012—2013 年在四川开展区域试验，平均产量为 1 909.5 千克/公顷，比对照品种（青豌豆）增产 31.9%。2014 年在四川成都、内江、达州、简阳开展生产试验，平均产量为 2 080.5 千克/公顷，比对照品种（青豌豆）增产 15.0%，其中，达州试验点产量高达 2 430.0 千克/公顷。

利用价值：适用于芽苗菜生产、食品加工。

栽培要点：四川盆地内以 10 月下旬至 11 月上旬播种为宜。播种量 90 千克/公顷。净作行距 50～60 厘米，穴距 25 厘米，种植密度 22.5 万～31.5 万株/公顷。播种时施入过磷酸钙 450 千克/公顷，适量农家肥。幼苗期遇旱应灌水 1 次，及时中耕除草，花期防治豌豆象危害。嫩荚成熟时及时采收上市，干籽粒收获后及时晒干灭豌豆象、储存。

适宜地区：适宜在四川以及长江以南的平坝、丘陵生态区秋冬季种植。

二十五、食荚大菜豌 6 号

品种来源：四川省农业科学院作物研究所以从新西兰引进的麦斯爱为母本、从亚洲蔬菜研究中心引进的材料 JI1194 为父本，经杂交选育而成，原品系代号为 99043-1-1。2010 年通过四川省农作物品种审定委员会审定，审定编号为川审蔬 2010006。

特征特性：生育期 168 天。无限花序，株型紧凑，幼苗半直立，生长矮健。幼茎绿色，成熟茎黄色，株高 72.1 厘米。主茎分枝 3～4 个，复叶有须，叶灰绿色，表面剥蚀斑多，花白色。单株荚数 17.5 个，鲜荚长 11.6 厘米，百荚重 573.9 克，青荚大、扁，肉质厚，果肉率 82.0%。青荚蛋白质含量 2.68%，粗纤维含量 0.74%，总糖含量 2.57%。干籽粒种皮白色，圆形，粒大，百粒重 27.7 克，粗蛋白质含量 26.50%，脂肪含量 1.30%。

产量表现：2007—2008 年在四川开展区域试验，鲜荚平均产量为 9 376.5 千克/公顷，比对照品种（食荚大菜豌 1 号）增产 16.3%。2008 年在四川成都、内江、简阳开展生产试验，鲜荚平均产量为 9 619.5 千克/公顷，比对照品种（食荚大菜豌 1 号）增产 14.6%。其中，简阳试验点产量高达 10 534.5 千克/公顷。

利用价值：鲜食豆荚类型，适用于鲜食菜用、食品加工。

栽培要点：四川盆地内以 10 月下旬至 11 月上旬播种为宜，播种量 60～75 千克/公顷，净作行距 50～60 厘米，穴距 25 厘米，种植密度 18.0 万～22.5 万株/公顷。选择中等、偏下肥力土壤种植，播种时施过磷酸钙 450 千克/公顷作底肥。当嫩荚、嫩籽粒成熟时，及时分批采收上市，干种子收获后及时晒干灭豌豆象、储存。

适宜地区：适宜在四川平坝、丘陵生态区秋冬季种植。

二十六、食荚甜脆豌 3 号

品种来源：四川省农业科学院作物研究所以自主选育品种食荚大菜豌 1 号为母本、以从江苏南京引进的材料中山青为父本，经杂交选育而成，原品系代号为 9107-1-1。2009 年通过四川省农作物品种审定委员会审定，审定编号为川审蔬 2009016。

特征特性：生育期 171 天。无限花序，幼苗半直立，生长矮健。幼茎绿色，成熟茎黄色，株高 70.8 厘米。主茎分枝 3.0 个，复叶有须，叶深绿色，花白色。单株荚数 14.5 个，鲜荚长 8.1 厘米，百荚重 547.1 克。青荚绿色，果皮肉质厚，果肉率 83.2%，蛋白质含量 2.30%，粗纤维含量 0.53%，总糖含量 4.30%。干籽粒种皮呈浅绿色，表面有褶皱，粒大，百粒重 25.4 克，粗蛋白质含量 29.70%，脂肪含量 1.94%。

产量表现：2007—2008 年在四川开展区域试验，鲜荚平均产量为 8 586.0 千克/公顷，比对照品种（食荚大菜豌 1 号）增产

12.1%。2008 年在四川成都、内江、简阳开展生产试验，鲜荚平均产量为 9 045.0 千克/公顷，比对照品种（食荚大菜豌 1 号）增产 7.8%。其中，简阳试验点产量高达 10 338.0 千克/公顷。

利用价值：鲜食豆荚类型，适用于鲜食菜用、食品加工。

栽培要点：四川盆地以 10 月下旬至 11 月上旬播种为宜，播种量 60～75 千克/公顷，净作行距 50～60 厘米，穴距 25 厘米，种植密度 18.0 万～22.5 万株/公顷。选择中等、偏下肥力土壤种植，播种时施过磷酸钙 450 千克/公顷作底肥。当嫩荚、嫩籽粒成熟时，及时分批采收上市，干种子收获后，及时晒干灭豌豆象、储存。

适宜地区：适宜在四川平坝、丘陵生态区秋冬季种植。

二十七、云豌 1 号

品种来源：云南省农业科学院粮食作物研究所以 L0307 为母本、L0298 为父本，经杂交选育而成，原品系代号为 2003（5）-1-17。2008 年获植物新品种权，品种权号为 CNA20080356.5。2020 年通过农业农村部非主要农作物品种登记，登记编号为 GPD 豌豆（2020）530022。

特征特性：生育期 180 天。生长习性直立，开花习性有限，株高 51.0 厘米，幼茎黄绿色，成熟茎黄色；分枝力中等，主茎分枝 5.2 个；复叶叶型无须，叶缘全缘。叶绿色，花白色，多花花序，荚质硬、马刀形。单株荚数 21.2 个，单荚粒数 6.4 粒，荚长 8.3 厘米、宽 1.4 厘米。鲜荚绿色，成熟荚浅黄色，种皮淡绿色，种脐灰白色，子叶绿色。粒形呈圆球形，百粒重 21.0 克，单株粒重 20.0 克。干籽粒蛋白质含量 25.1%，淀粉含量 46.82%。中抗白粉病。

产量表现：品种比较试验干籽粒平均产量 3 177.0 千克/公顷，比对照品种（中豌 6 号）增产 58.5%。大田生产干籽粒平均产量 3 020.0 千克/公顷，比对照品种增产 17.2%～31.8%；

鲜豆苗产量约 15 000.0 千克/公顷。

利用价值：适用于鲜食茎叶生产。

栽培要点：最佳播种期为 9 月 20 日至 10 月 15 日，在云南中部一年四季均可播种栽培。播种密度按中等肥力田地 54 万～60 万株/公顷计算，可根据土壤肥力状况作小幅增减。采用理厢或者起垄开槽单/双粒点播。在给水、保水条件差的地块，可采取理厢方式种植，厢面宽度不超过 100 厘米，种植 3 行，行距 40～50 厘米，按照 30～40 厘米深度和宽度开沟。水分条件较为充裕的地块起垄种植，垄底部宽度 80 厘米，垄面宽度 20 厘米，单行种植。株距按 3～6 厘米单粒点播或者 6～12 厘米双粒点播，株距根据实际播种密度调整。施用氮磷钾复合肥、氮肥及农家肥时，根据土壤肥力状况和采收次数确定用量，作苗肥分 3～5 次施用。及时灌水，并严格防控蚜虫、潜叶蝇等虫害。

适宜地区：适宜在云南海拔 1 100～2 400 米的蔬菜产区以及近似生态区域栽培种植。

二十八、云豌 4 号

品种来源：云南省农业科学院粮食作物研究所以引自法国农业科学研究院的优异种质为亲本，经系统选育而成，原品系代号为 L0313 选。2013 年通过云南省非主要农作物品种登记委员会登记，登记编号为滇登记豌豆 2012001 号。

特征特性：生育期 182 天。生长习性直立，开花习性有限型。株高 52.5 厘米。分枝力中等，主茎分枝 5.0 个。复叶叶型普通，叶缘全缘。叶绿色，花白色，多花花序。荚质硬、马刀形。单株荚数 25.0 个，单荚粒数 6.0 粒，荚长 6.9 厘米、宽 1.1 厘米。鲜荚绿色，成熟荚浅黄色。干籽粒种皮白色，种脐灰白色，子叶浅黄色，粒形圆球形。干籽粒百粒重 21.3 克，单株粒重 25.2 克。干籽粒蛋白质含量 16.90%，淀粉含量 45.12%。高抗白粉病。

产量表现：品种比较试验表明，干籽粒平均产量为 6 931.5 千克/公顷，比对照品种（中豌 6 号）增产 73.5%。一般干籽粒平均产量为 4 381.0 千克/公顷，比当地同类品种增产 7.5%～19.3%。

利用价值：适用于鲜籽粒生产。

栽培要点：西南秋播区域最佳播种期为 9 月 25 日至 10 月 20 日，也可用于春播生产或者高寒海拔区域夏播。按中等肥力田地 48 万株/公顷计算，并据土壤肥力状况作增减调整。采用理厢或者起垄开槽单/双粒点播。播种按行距 40～50 厘米，株距按 3～6 厘米单粒点播或者 6～12 厘米双粒点播，株距根据实际播种量调整。与烤烟、玉米等前作间作套种进行鲜籽粒生产，播种方式采用免耕直播，厢/垄面宽根据前作所形成的规格来定，播种密度通过株距进行增减。施用氮磷钾复合肥、氮肥和农家肥时，根据土壤肥力状况和采收次数确定用量，作种肥和苗肥时分 2 次施用。及时灌水，并严格防控蚜虫、潜叶蝇等虫害。

适宜地区：适宜在云南海拔 1 100～2 400 米的蔬菜产区以及生态条件近似的豌豆产区栽培种植。

二十九、云豌 8 号

品种来源：云南省农业科学院粮食作物研究所以从法国农业科学研究院引入的种质材料 L0314 为亲本，经系统选育而成。云南省保存单位编号为 L0314 选。2013 年通过云南省非主要农作物品种登记委员会登记，登记编号为滇登记豌豆 2012002 号。

特征特性：生育期 185 天。生长习性直立，开花习性有限型，株高 74.5 厘米。分枝力中等，主茎分枝 6.8 个。复叶叶型半无叶，叶绿色，花白色，多花花序。荚质硬、马刀形。单株荚数 30.7 个，单荚粒数 5.0 粒，荚长 6.2 厘米、宽 1.2 厘米。鲜荚绿色，成熟荚浅黄色。干籽粒种皮浅绿色，种脐灰白色，子叶绿色，粒形圆球形，百粒重 23.4 克，单株粒重 29.5 克。干籽粒蛋白质含量 26.60%，淀粉含量 43.50%。高抗白粉病。

产量表现：品种比较试验表明，干籽粒平均产量为 7 684.5 千克/公顷，比对照品种（中豌 6 号）增产 92.4%。大田生产试验表明，干籽粒平均产量为 4 287.9 千克/公顷，比当地同类品种增产 17.2%～42.5%。

利用价值：适用于干籽粒粒用。

栽培要点：秋播区域最佳播种期为 9 月 25 日至 10 月 20 日。按中等肥力田地 50 万～70 万株/公顷计算，并根据土壤肥力状况作增减调整；采用理厢开槽单粒/双粒点播种植，厢面宽 3～4 米，具体的厢面宽度视土壤供水条件而定。播种行距 40 厘米，株距按照 3～6 厘米单粒点播或者 6～12 厘米双粒点播。施用氮磷钾复合肥、氮肥及农家肥时，根据土壤肥力状况确定用量，作种肥和苗肥时分 2 次施用。花荚期及时灌水，并严格防控蚜虫、潜叶蝇等虫害。

适宜地区：适宜在云南海拔 1 100～2 400 米的蔬菜及豌豆产区，以及生态条件近似的其他豌豆产区栽培种植。

三十、云豌 18 号

品种来源：云南省农业科学院粮食作物研究所以引自澳大利亚的优异种质 L1413 为亲本，经系统选育而成，原品系代号为 L1413 选。2014 年通过云南省非主要农作物品种登记委员会登记，登记编号为滇登记豌豆 2014011 号。2018 年通过农业农村部非主要农作物品种登记，登记编号为 GPD 豌豆（2018）530031。

特征特性：秋播生育期 187 天，早秋种植在播种后 110～120 天采收鲜荚。无限结荚习性，半蔓生株型，株高 80.0～100.0 厘米。分枝力中等，主茎分枝 4.3 个；复叶叶型普通，叶缘全缘，花白色，单花花序。单株荚数 18.9 个，单荚粒数 5.1 粒，荚长 7.6 厘米、宽 1.4 厘米，荚质硬、直荚，鲜荚绿色，成熟荚浅黄色。新收获干籽粒种皮皱，种皮绿色，种脐绿色，子叶绿色，百粒重 21.0 克。干籽粒蛋白质含量 25.20％，淀粉含量 46.80％，单宁含量 0.29％，总糖含量 5.28％。中抗白粉病。

产量表现：大田生产试验干籽粒产量 3 000.0～3 750.0 千克/公顷，鲜荚产量 12 000.0～18 000.0 千克/公顷，干籽粒平均产量 4 383.0 千克/公顷，增产 13.3％～29.4％。2013—2017 年在云南、四川、重庆、新疆等省份豌豆产区示范推广面积累计 8 140 公顷。

利用价值：鲜销菜用，生产鲜荚、鲜籽粒，是优质菜用型豌豆品种。

栽培要点：秋播区域最佳播种期为 9 月 25 日至 10 月 20 日，可适当早播，早秋种植最佳播种期为 8 月 15 日至 9 月 20 日。选择理厢开槽点播或者起垄开槽点播，理厢的宽度 1～4 米，实际宽度应根据给水条件和机械化水平决定，起垄的宽度则按照 65～70 厘米、沟深及沟宽 30～35 厘米、播种株距 3～6 厘米单粒点播，或者按照株距 6～12 厘米双粒点播，播种量 75～90 千克/公顷，保苗 30 万～45 万株/公顷。与烤烟、玉米等前作间作套种播种时则选择免耕直播方式，利用秸秆作为豌豆攀爬支架，厢/垄面宽度根据前作所形成的规格而定，播种密度通过株距进行增减。施肥按普通过磷酸钙 450 千克/公顷、硫酸钾 225 千克/公顷计算用量。花荚期灌水 2～3 次，严格防控潜叶蝇和蚜虫。

适宜地区：适宜在云南海拔 1 100～2 400 米的蔬菜产区以及生态条件近似的豌豆产区栽培种植。

三十一、云豌 20 号

品种来源：云南省农业科学院粮食作物研究所以从澳大利亚引进的优异种质 L1417 为亲本，经系统选育而成，原品系代号为 L0147 选。2014 年通过云南省非主要农作物品种登记委员会登记，登记编号为滇登记豌豆 2014012 号。

特征特性：生育期 185 天，秋播区域播种后 130 天左右采收鲜荚。无限结荚习性，株高 100.0 厘米。分枝力中等，复叶叶型普通，叶缘全缘，花白色，多花花序。荚质硬，鲜荚绿色，成熟荚浅黄色。干籽粒皱，种皮浅绿色，子叶绿色。主茎分枝 4.8 个，有效分枝 3.7 个，单株荚数 28.8 个，单荚粒数 6.1 粒，荚长 6.9 厘米、宽 1.2 厘米，百粒重 17.2 克，单株粒重 21.7 克。干籽粒蛋白质含量 24.30%，淀粉含量 31.71%。

产量表现：开展大田生产试验，干籽粒平均产量为 3 016.5 千克/公顷，比对照品种（中豌 6 号）增产 24.2%，鲜荚产量为 12 000.0～18 000.0 千克/公顷。2013—2017 年在云南昆明、曲靖、楚雄、丽江、保山等地示范推广面积累计 147 公顷。

利用价值：鲜食籽粒专用型品种。

栽培要点：秋播区域最适播种期为 9 月 25 日至 10 月 20 日，可适当早播，早秋种植的最佳播种期为 8 月 15 日至 9 月 20 日。采用深沟起垄搭架栽培方式，按垄面宽 65～70 厘米、沟宽 30～35 厘米起垄。在垄面中部开槽单行点播，按株距 3～6 厘米单粒点播或 6～12 厘米双粒点播，播种量 75～90 千克/公顷，保苗 27 万～30 万株/公顷；与烤烟、玉米等前作间作套种进行鲜食生产时，播种方式选择免耕直播，前作烟草、玉米秸秆作为豌豆攀附用的支架使用，厢/垄面宽度根据前作所形成的规格而定，播种密度通过株距进行增减。施肥按普通过磷酸钙 450 千克/公顷、硫酸钾 225 千克/公顷计算用量。开花至灌浆期灌水 2～3 次，严格防控潜叶蝇和蚜虫。早秋播种选择无霜冻或霜期较短的区域栽培种植。

适宜地区：适宜在云南海拔 1 100～2 400 米的蔬菜产区以及生态条件近似的豌豆产区种植。

三十二、云豌 21 号

品种来源：云南省农业科学院粮食作物研究所以引自澳大利亚的豌豆优异种质 L1332 为亲本，经系统选育而成，原品系代号为 L1332 选。2015 年通过国家小宗粮豆品种鉴定委员会鉴定，鉴定编号为国品鉴杂 2015036。2020 年通过农业农村部非主要农作物品种登记，登记编号为 GPD 豌豆（2020）530016。

特征特性：生育期 183 天。矮生半无叶类型，生长直立，株高 90.0 厘米，有限型开花结荚习性。分枝力中等，主茎分枝 3.0 个。花白色，多花花序。单株荚数 23.6 个，单荚粒数 4.1 粒，荚长 6.9 厘米、宽 1.1 厘米，荚质硬，鲜荚绿色，成熟荚浅黄色。干籽粒种皮白色，子叶黄色，籽粒圆球形，干籽粒百粒重 19.6 克。干籽粒蛋白质含量 22.70%，淀粉含量 44.38%。高抗白粉病。

产量表现：开展国家区域试验表明，秋播组干籽粒平均产量为 2 410.6 千克/公顷，比对照品种增产 19.5%。开展生产试验表明，干籽粒平均产量为 2 326.5 千克/公顷，比对照品种增产 39.1%。

利用价值：干籽粒专用型品种。

栽培要点：秋播区域以 10 月 1—20 日为最佳播种期。中等肥力田块，按种植密度 45 万～60 万株/公顷计算播种量。采用理厢开槽单/双粒点播种植，厢面宽 3～4 米，具体的厢面宽度视土壤供水条件而定。播种行距 40 厘米，株距按照 3～6 厘米单粒点播或者 6～12 厘米双粒点播。用普通过磷酸钙＋硫酸钾作为种肥或苗肥施用，施用量按 450 千克/公顷普通过磷酸钙＋150 千克/公顷硫酸钾计算。开花结荚期根据田间情况灌水 2～3 次，同时按 75～90 千克/公顷尿素计算，将氮素化肥溶于水中追肥。注意及时防治潜叶蝇和蚜虫。

适宜地区：适宜在云南海拔 1 100～2 400 米的旱地豌豆区或春播豌豆主产区域栽培种植。

三十三、云豌 50 号

品种来源：云南省农业科学院粮食作物研究所以 L1335 为

母本、L1414 为父本，经杂交选育而成，原品系代号为 W2012-14。2018 年开展云南区域试验。2021 年通过农业农村部非主要农作物品种登记，登记编号为 GPD 豌豆（2021）530068。

特征特性：生育期 185 天。生长习性直立，开花习性无限，株高 100.0 厘米。幼茎绿色，成熟茎黄色。分枝力中等，主茎分枝 3.7 个。叶型为全卷须，叶腋花青苷有显色，花粉红色。荚质软，荚形直，单株荚数 22.8 个，单荚粒数 3.9 粒，荚长 5.9 厘米、宽 1.1 厘米。鲜荚绿色，成熟荚浅黄色，种皮绿色，种脐淡褐色，子叶黄色。粒形呈圆球形，百粒重 21.7 克，单株粒重 20.0 克。干籽粒蛋白质含量 16.0%，淀粉含量 50.06%，总糖含量 5.57%。中抗白粉病和锈病。

产量表现：开展区域试验表明，干籽粒平均产量为 2 329.5 千克/公顷，比对照品种（云豌 18 号）增产 23.0%。开展大田生产试验表明，干籽粒产量为 2 000.0～2 500.0 千克/公顷，比对照品种增产 8.3%。

利用价值：软荚类型豌豆，适用于鲜食豆荚生产。

栽培要点：秋播区域最佳播种期为 9 月 25 日至 10 月 20 日，可适当早播，早秋种植的最佳播种期为 8 月 15 日至 9 月 20 日。采用深沟起垄搭架栽培方式，按垄面宽 65～70 厘米、沟宽 30～35 厘米起垄。在垄面中部开槽单行点播，株距按 3～4 厘米单粒点播或者 8～10 厘米双粒点播，播种量 75 千克/公顷，保苗 27 万～30 万株/公顷，在苗期人工搭架辅助豌豆的直立生长以保证产量和品质，搭架高度的要求是地面以上支撑部分不低于 2 米。底肥施用普通过磷酸钙 450 千克/公顷、硫酸钾 225 千克/公顷，结荚期按 300 千克/公顷用量将尿素溶于水中进行追肥。在开花结荚期，根据长势和苗架情况，用 0.3% 磷酸二氢钾＋0.3% 尿素＋0.2% 硼肥溶液进行叶面喷施。严格防控潜叶蝇和蚜虫。

适宜地区：适宜在云南海拔 1 100～2 400 米的蔬菜产区以及春播豌豆主产区域栽培种植。

三十四、云豌 33 号

品种来源：云南省农业科学院粮食作物研究所以引自澳大利亚的豌豆优异种质资源 L1335 为亲本，经系统选育而成，原品系代号为 L1335 选。2014 年通过云南省非主要农作物品种登记委员会登记，登记编号在滇登记豌豆 2014013 号。2020 年通过农业农村部非主要农作物品种登记，登记编号为 GPD 豌豆（2020）530034。

特征特性：生育期 188 天。矮生半无叶类型，株高 72.3 厘米。主茎分枝 5.4 个，花白色，单花花序。单株荚数 20.6 个，单荚粒数 5.4 粒，荚质软，鲜荚绿色，成熟荚黄色，荚长 6.9 厘米、宽 1.1 厘米。干籽粒百粒重 20.0 克，种皮白色，子叶黄色，籽粒圆形，种皮光滑。干籽粒蛋白质含量 17.10%，淀粉含量 46.69%。抗白粉病，中抗锈病。

产量表现：开展品种比较试验表明，干籽粒平均产量为 3 570.5 千克/公顷，比对照品种增产 20.9%。开展生产试验表明，干籽粒平均产量为 2 710.0 千克/公顷。

利用价值：优质软荚菜用型豌豆品种。

栽培要点：秋播区域最佳播种期为 9 月 25 日至 10 月 20 日，早秋种植的最佳播种期为 8 月 15 日至 9 月 20 日。采用深沟起垄搭架栽培方式，按垄面宽 65～70 厘米、沟宽 30～35 厘米起垄。在垄面中部开槽单行点播，株距按 3～4 厘米单粒点播或者 8～10 厘米双粒点播，播种量 75 千克/公顷，保苗 27 万～30 万株/公顷；与烤烟、玉米等前作间作套种进行生产时，播种方式选择免耕直播，前作烟草、玉米秸秆作为豌豆攀附用的支架使用，厢/垄面宽度根据前作所形成的规格而定，播种密度通过株距进行增减。底肥按普通过磷酸钙 450 千克/公顷、硫酸钾 225 千克/公顷计算用量，结荚期按 300 千克/公顷用量将尿素溶于水中进行追肥。在开花结荚期，根据长势和苗架情况，用 0.3%磷酸二氢钾＋0.3％尿素＋0.2％硼肥溶液进行叶面喷施。严格防控潜叶蝇和蚜虫。

适宜地区：适宜在云南海拔 1 100～2 400 米的蔬菜产区以及春播豌豆主产区域栽培种植。

三十五、云豌 35 号

品种来源：云南省农业科学院粮食作物研究所以引自西班牙的豌豆优异种质资源 L2340 为亲本，经系统选育而成，原品系代号为 L2340 选。2015 年通过云南省种子管理站鉴定，鉴定编号为云种鉴定 20150032 号。2021 年通过农业农村部非主要农作物品种登记，登记编号为 GPD 豌豆（2021）530029。

特征特性：生育期 185 天。有限结荚习性，株高 70.0 厘米。矮生半无叶类型，花粉红色，叶腋花青苷有显色，双花花序。主茎分枝 2.9 个，单株荚数 15.4 个，单荚粒数 4.1 粒，荚长 6.5 厘米、宽 1.2 厘米，荚形直，鲜荚绿色，成熟荚浅黄色。百粒重 19.7 克，籽粒种皮浅褐色，子叶橙黄色，籽粒球形，种子表面光滑。干籽粒蛋白质含量 19.90％，淀粉含量 47.62％，总糖含量 6.13％，单宁含量 0.80％。抗白粉病，中抗锈病。

产量表现：在云南开展豌豆区域试验表明，干籽粒平均产量为 2 971.5 千克/公顷，比对照品种（中豌 6 号）增产 89.9％。

利用价值：干籽粒用型豌豆新品种。

栽培要点：秋播区域最佳播种期为 9 月 25 日至 10 月 20 日。按厢面宽 3～4 米、沟宽 30～35 厘米进行理厢。在厢面上开槽点播，行距 40～50 厘米，株距按 3～4 厘米单粒点播，或者 6～10 厘米双粒点播。播种量 90～100 千克/公顷，保苗 45 万～60 万株/公顷，普通种植按中等肥力田块不低于 45 万株/公顷计算，根据土壤肥力状况做增减调整。施肥按普通过磷酸钙 450 千克/公顷、硫酸钾 225 千克/公顷计算用量。花荚期灌水 2～3 次。严格防控潜叶蝇和蚜虫。

适宜地区：适宜在云南海拔 1 100～2 300 米的豌豆产区以及春播豌豆主产区域栽培种植。

三十六、云豌 36 号

品种来源：云南省农业科学院粮食作物研究所以引自法国的优异种质 L0313 为母本、我国台湾种质材料 L0318 为父本，经杂交选育而成，原品系代号为 W04（19）-2。2015 年通过云南省种子管理站鉴定，鉴定编号为云种鉴定 20150033 号。2021 年通过农业农村部非主要农作物品种登记，登记编号为 GPD 豌豆（2021）530030。

特征特性：生育期 186 天。株高 88.0 厘米，无限结荚习性。普通叶型，叶片全缘。花白色，多花花序。主茎分枝 3.0 个，单株荚数 17.8 个，单荚粒数 4.2 粒，荚长 7.4 厘米、宽 1.6 厘米，荚质硬，荚形直，鲜荚绿色，成熟荚浅黄色。籽粒种皮浅绿色，子叶绿色，粒形为不规则形，百粒重 25.9 克。干籽粒蛋白质含量 23.10%，淀粉含量 48.59%，总糖含量 4.79%，单宁含量 0.57%。抗白粉病，中抗锈病。

产量表现：在云南开展豌豆区域试验表明，干籽粒平均产量为 2 215.5 千克/公顷，比对照品种（地方品种大白豌豆）增产 41.6%。

利用价值：优质鲜食籽粒型豌豆品种。

栽培要点：秋播区域的最佳播种期为 9 月 25 日至 10 月 20 日，早秋种植的最佳播种期为 8 月 15 日至 9 月 20 日。选择理厢开槽点播或者起垄开槽点播，理厢的宽度 1～4 米，实际宽度应根据给水条件及机械化水平决定，起垄的宽度则按照 65～70 厘米、沟深及沟宽 30～35 厘米、播种按株距 3～6 厘米单粒点播，或者按株距 6～12 厘米双粒点播，播种量 75～90 千克/公顷，保苗 30 万～45 万株/公顷。与烤烟、玉米等前作进行间作套种时，播种选择免耕直播方式，利用秸秆作为豌豆攀爬支架，厢/垄面宽度根据前作所形成的规格而定，播种密度通过株距进行增减；普通种植按中等肥力田块不低于 32 万株/公顷计算，根据土壤肥力状况作增减调整。施肥按普通过磷酸钙 450 千克/公顷、硫酸钾 225 千克/公顷计算用量。花荚期灌水 2 次。严格防控潜叶蝇和蚜虫。

适宜地区：适宜在云南海拔 1 100～2 300 米的蔬菜产区以及春播豌豆主产区域栽培种植。

三十七、云豌 37 号

品种来源：云南省农业科学院粮食作物研究所以从国家作物种质库引入的优质种质 DHN62 为亲本，经系统选育而成，原品系代号为 DHN62 系。2015 年通过云南省种子管理站鉴定，鉴定编号为云种鉴定 2015029 号。2021 年通过农业农村部非主要农作物品种登记，登记编号为 GPD 豌豆（2021）530031。

特征特性：生育期 190 天。蔓生株型，株高 101.9 厘米，无限结荚习性。普通叶型，叶片全缘。花白色，双花花序。主茎分枝 3.4 个，单株荚数 19.7 个，单荚粒数 3.8 粒，荚长 5.8 厘米、宽 1.38 厘米，荚质硬，荚形直，鲜荚绿色，成熟荚浅黄色。干籽粒种皮白色，子叶橙黄色，籽粒圆球形，种皮光滑，百粒重 26.7 克。干籽粒蛋白质含量 19.40%，淀粉含量 49.12%，总糖含量 4.53%，单宁含量 0.67%。中抗白粉病。

产量表现：在云南开展豌豆区域试验表明，干籽粒平均产量为 2 743.5 千克/公顷，比对照品种增产 66.2%。

利用价值：优质鲜食籽粒型豌豆品种。

栽培要点：秋播区域的最佳播种期为 9 月 25 日至 10 月 20 日，可适当早播，早秋种植的最佳播种期为 8 月 15 日至 9 月 20 日。选择理厢开槽点播或者起垄开槽点播，理厢的宽度 1～4 米，实际宽度应根据给水条件及机械化水平决定，起垄的宽度则按照 65～70 厘米、沟深及沟宽 30～35 厘米、播种按株距 3～6 厘米单粒点播，或者按株距 6～12 厘米双粒点播，播种量 75～90 千克/公顷，保苗 30 万～45 万株/公顷。与烤烟、玉米等前作进行间作套种时，播种选择免耕直播方式，利用秸秆作为豌豆攀爬支架，厢/垄面宽度根据前作所形成的规格而定，播种密度通过株距进行增减。根据长势和苗架情况，用 0.3％磷酸二氢钾＋0.3％尿素＋0.2％硼肥溶液分别在苗期、花期进行叶面喷施。严格防控潜叶蝇和蚜虫。

适宜地区：适宜在云南海拔 1 100～2 300 米的蔬菜产区以及春播豌豆主产区域栽培种植。

三十八、云豌 38 号

品种来源：云南省农业科学院粮食作物研究所以澳大利亚优异种质 L1413 为母本、云南地方资源 L0148 为父本，经杂交选育而成，原品系代号为 W10-1。2015 年通过云南省种子管理站鉴定，鉴定编号为云种鉴定 20150030 号。2022 年通过农业农村部非主要农作物品种登记，登记编号为 GPD 豌豆（2022）530027。

特征特性：生育期 170 天。半蔓生，株高 89.4 厘米，无限结荚习性。普通叶型，叶片全缘。花白色，双花花序。主茎分枝 3.6 个，单株荚数 19.2 个，单荚粒数 4.3 粒，荚长 6.1 厘米、宽 1.1 厘米，荚质硬，荚形直，鲜荚绿色，成熟荚浅黄色。籽粒整齐，大粒，干籽粒百粒重 27.2 克，种皮白色，籽粒圆形，种皮光滑，子叶黄色。干籽粒蛋白质含量 19.80％，淀粉含量 49.01％，总糖含量 5.34％。抗白粉病，中抗锈病。

产量表现：在云南开展豌豆区域试验表明，干籽粒平均产量为 2 868.5 千克/公顷，比对照品种增产 73.8％。

利用价值：鲜食籽粒型豌豆品种。

栽培要点：秋播区域的最佳播种期为 9 月 25 日至 10 月 20 日，可适当早播，早秋种植的最佳播种期为 8 月 15 日至 9 月 20

日。选择理厢开槽点播或者起垄开槽点播,理厢的宽度 1～4 米,实际宽度应根据给水条件及机械化水平决定,起垄的宽度则按照 65～70 厘米、沟深及沟宽 30～35 厘米、播种按株距 3～6 厘米单粒点播,或者按株距 6～12 厘米双粒点播,播种量 75～90 千克/公顷,保苗 30 万～45 万株/公顷。与烤烟、玉米等前作进行间作套种时,播种选择免耕直播方式,利用秸秆作为豌豆攀爬支架,厢/垄面宽度根据前作所形成的规格而定,播种密度通过株距进行增减。施肥按普通过磷酸钙 450 千克/公顷、硫酸钾 225 千克/公顷计算用量。花荚期灌水 2～3 次。严格防控潜叶蝇和蚜虫。

适宜地区:适宜在云南海拔 1 100～2 400 米的蔬菜产区以及春播豌豆主产区域栽培种植。

三十九、云豌 26 号

品种来源:云南省农业科学院粮食作物研究所以引自澳大利亚的豌豆优异种质资源为亲本,经系统选育而成,原品系代号为 L1414 选。保存单位编号为 L1414。

特征特性:生育期 185 天。株型蔓生,株高 190.0 厘米,无限结荚习性。主茎分枝 4.5 个。复叶普通叶型,叶缘全缘,花粉红色,多花花序。荚长 8.6 厘米,荚质软,鲜荚绿色,成熟荚浅黄色。籽粒种皮黄绿色,子叶黄色,籽粒圆形,干籽粒百粒重 23.0 克。中抗白粉病。

产量表现:开展生产试验表明,干籽粒平均产量达到 3 750.0 千克/公顷,比对照品种增产 18.7%;鲜荚产量为 12 000.0～15 000.0 千克/公顷。

利用价值:软荚优质鲜食嫩荚菜用型豌豆品种。

栽培要点:秋播区域的最佳播种期为 9 月 25 日至 10 月 20 日,可适当早播,早秋种植的最佳播种期为 8 月 15 日至 9 月 20 日。采用深沟起垄搭架栽培方式,按垄面宽 65～70 厘米、沟宽

30～35厘米起垄。在垄面中部开槽单行点播，播种按株距3～4厘米单粒点播或者8～10厘米双粒点播，播种量75千克/公顷，保苗27万～30万株/公顷，在苗期人工搭架辅助豌豆的直立生长以保证产量和品质，搭架高度的要求是地面以上支撑部分不低于2米。底肥按普通过磷酸钙450千克/公顷、硫酸钾225千克/公顷计算用量，结荚期按300千克/公顷用量将尿素溶于水中进行追肥。在开花结荚期，根据长势和苗架情况，用0.3%磷酸二氢钾＋0.3%尿素＋0.2%硼肥溶液进行叶面喷施。严格防控潜叶蝇和蚜虫。

适宜地区：适宜在云南海拔1 100～2 400米的蔬菜产区以及春播豌豆主产区域栽培种植。

四十、云豌17号

品种来源：云南省曲靖市农业科学院、云南省农业科学院粮食作物研究所，以从昆明市东川区拖布卡镇收集的优异资源L0368为材料，经系统选育而成，原品系代号为L0368选。2014年通过云南省非主要农作物登记委员会品种登记，登记编号为滇登记豌豆2014003号。2020年通过农业农村部非主要农作物品种登记，登记编号为GPD豌豆（2019）530057。

特征特性：秋播生育期169天。无限结荚习性，植株匍匐，茎蔓生，株高106.0厘米，主茎分枝3～4个，复叶为普通叶型，叶浅绿色，花白色。单株荚数13.7个，荚质硬，荚长5.0～8.0厘米，单荚粒数3.7粒，籽粒圆形，种皮白色，子叶黄绿色，百粒重24.8克。干籽粒蛋白质含量22.30%，淀粉含量38.60%。长势旺盛，耐旱，高抗白粉病。

产量表现：产量一般为3 150.0千克/公顷。云南豌豆新品种区域试验表明，平均产量为3 091.5千克/公顷，比对照品种（云豌18号）增产22.9%。

利用价值：鲜苗、干籽粒粒用型豌豆。

栽培要点：秋播在 9 月下旬至 10 月中旬。采用理厢开槽单/双粒点播种植，厢面宽 3～4 米，具体的厢面宽度视土壤供水条件而定。播种行距 40 厘米，株距按照 3～6 厘米单粒点播或者 6～12 厘米双粒点播。播种量 90～100 千克/公顷，保苗 45 万～60 万株/公顷，普通种植按中等肥力田块不低于 45 万株/公顷计算，根据土壤肥力状况作增减调整。施用氮磷钾复合肥 225 千克/公顷和适量农家肥作底肥，或者用普通过磷酸钙＋硫酸钾作为种肥或苗肥，施用量按普通过磷酸钙 450 千克/公顷＋硫酸钾 150 千克/公顷计算。开花结荚期根据田间情况灌水 2～3 次，同时按 75～90 千克/公顷尿素计算，将氮素化肥溶于水中追肥。注意及时防治潜叶蝇和蚜虫。

适宜地区：适宜在云南海拔 1 100～2 400 米的豌豆产区及近似豌豆产区栽培种植。

四十一、靖豌 2 号

品种来源：云南省曲靖市农业科学院以从甘肃省农业科学院引进的高代材料（定西绿豌豆/白豌豆），经系统选育而成，原品系代号为 C9929。2015 年通过云南省种子管理站品种鉴定，鉴定编号为云种鉴定 2015031 号。2019 年通过农业农村部非主要农作物品种登记，登记编号为 GPD 豌豆（2019）530056。

特征特性：晚熟品种，秋播生育期 170 天。无限结荚习性，植株匍匐，茎蔓生，茎秆粗壮，株高 80.0～140.0 厘米，主茎分枝 2～3 个，普通叶型，叶鲜绿色，幼茎绿色，花白色。单株荚数 6～10 个，荚质硬，荚长 7.0～9.0 厘米，单荚粒数 4～7 粒，籽粒圆形，种皮乳白色，子叶绿色，百粒重 22.0 克。干籽粒蛋白质含量 22.30%，淀粉含量 48.60%。长势旺盛，耐旱，中抗白粉病。

产量表现：产量一般为 3 000.0 千克/公顷。云南豌豆新品种区域试验产量为 2 152.0～3 791.0 千克/公顷，比对照品种

（云豌 18 号）增产 49.0%。

利用价值：食用鲜苗、鲜籽粒。

栽培要点：秋播在 9 月下旬至 10 月中旬，也可采取早秋播种，播种时间为 8 月上旬至 9 月上旬。采用深沟起垄搭架栽培方式，按垄面宽 65～70 厘米、沟宽 30～35 厘米起垄。在垄面中部开槽单行点播，播种株距按 3～4 厘米单粒点播或者 8～10 厘米双粒点播，播种量 75 千克/公顷，保苗 27 万～30 万株/公顷，在苗期人工搭架辅助豌豆的直立生长以保证产量和品质，搭架高度的要求是地面以上支撑部分不低于 2 米。施用氮磷钾复合肥 225 千克/公顷和适量农家肥作底肥，也可以按普通过磷酸钙（普钙）450 千克/公顷、硫酸钾 225 千克/公顷计算用量作底肥，结荚期按 300 千克/公顷用量将尿素溶于水中进行追肥。在开花结荚期，根据长势和苗架情况，用 0.3% 磷酸二氢钾＋0.3% 尿素＋0.2% 硼肥溶液进行叶面喷施。严格防控潜叶蝇和蚜虫。

适宜地区：适宜在云南海拔 1 100～2 400 米的豌豆产区及近似豌豆产区栽培种植。

四十二、陇豌 1 号

品种来源：甘肃省农业科学院作物研究所于 2002 年引进并系统选育成功的豌豆新品种，原品系代号为德引 1 号。2009 年通过甘肃省农作物品种审定委员会认定，认定编号为甘认豆 2009004。2018 年通过农业农村部非主要农作物品种登记，登记编号为 GPD 豌豆（2018）620005。

特征特性：矮秆豌豆品种。甘肃中部地区种植生育期 85～90 天，我国秋播区种植生育期 180～185 天。半矮茎，直立生长，株蔓粗壮。托叶正常，复叶变态为卷须，株间通过卷须缠绕，花白色。株高 55.0～70.0 厘米，单株荚数 6～10 个，荚长 7.0 厘米、宽 1.2 厘米，不易裂荚。单荚粒数 5～7 粒，粒大，种皮白色，籽粒光圆，色泽好，百粒重 25.0 克。有限结荚习性，鼓粒快，成熟落黄好。干籽粒蛋白质含量 25.60%，淀粉含量 51.32%，赖氨酸含量 1.95%，脂肪含量 1.14%，籽粒容重 485.80 克/升。抗根腐病，中抗白粉病和褐斑病。

产量表现：2005 年品种比较试验平均产量为 4 947.0 千克/公顷，比对照品种（定豌 1 号）增产 20.3%。2006—2007 年甘肃多点试验，2 年 14 个点次中陇豌 1 号在 8 个点次增产，平均产量为 4 098.0 千克/公顷，比对照品种（定豌 1 号）增产 6.4%。在甘肃中部和河西冷凉灌区进行生产示范，干籽粒产量为 5 137.5～6 750.0 千克/公顷，比地方品种增产 7.2% 以上。在甘肃省白银市北湾镇开展玉米套种豌豆示范，在玉米产量较单作不减产的情况下，新增豌豆产量 2 625.0 千克/公顷，比当地白豌豆增产 12.7%。

利用价值：干籽粒粒用类型，工业加工优质豌豆品种。

栽培要点：甘肃中部及周边地区于 3 月中下旬播种，甘肃河西沿山高海拔冷凉地区于 3 月中下旬至 4 月上旬播种，播种深度 3～7 厘米，播种要均匀，覆土要严。高水肥条件下，种植密度以 120 万株/公顷为宜；低水肥条件下，种植密度以 90 万株/公顷为宜。中等肥力地块，在施用适量农家肥的基础上施用氮磷钾复合肥 450 千克/公顷，作基肥一次性在整地时施入；瘠薄地块在基肥施入后，花荚期增施适量氮肥。豌豆田间杂草的防治，可用芽前除草剂进行土壤表面处理；潜叶蝇和豌豆象的防治，可在 5 月上中旬或豌豆始花期用高效低毒杀虫剂喷雾。同时，还应注意蚜虫、白粉病、根腐病等病虫害的防治。

适宜地区：适宜在我国西北、东北地区豌豆春播区和西南、华中、华东、华南地区豌豆秋播区种植。

四十三、陇豌 3 号

品种来源：甘肃省农业科学院作物研究所以加拿大半无叶型豌豆品种 Mp1835 为母本、蔓生豌豆品种 Hahdl 为父本，经杂交选育而成，原品系代号为 S3008。2012 年通过甘肃省农作物品种审定委员会认定，认定编号为甘认豆 2012002。2018 年通过农业农村部非主要农作物品种登记，登记编号为 GPD 豌豆（2018）620006。

特征特性：适口性好，可粮菜兼用。春播生育期 95～105 天，比陇豌 1 号晚熟 5～10 天。半矮茎，直立生长，花白色。株高 60.0～70.0 厘米，单株荚数 8～14 个，双荚率 55.0%，荚长 7.0 厘米、宽 1.2 厘米，不易裂荚。单荚粒数 4～8 粒，中粒，种皮白色，子叶绿色，粒形光圆，色泽好，百粒重 22.8 克。干籽粒蛋白质含量 25.8%，淀粉含量 50.95%，赖氨酸含量 1.96%，脂肪含量 1.30%，籽粒容重 772.70 克/升。抗豌豆根腐病，褐斑病发生极轻，生育后期较易发生白粉病。

产量表现：2008—2011 年在甘肃中部灌区永登县、榆中县及河西冷凉高海拔区天祝藏族自治县、民乐县、永昌县开展多点试验，平均产量为 4 950.0 千克/公顷，比陇豌 1 号减产 4.5%～8.2%，但比地方豌豆品种麻豌豆增产 12.5%，比中豌 6 号增产 15.0%。2011 年在临夏二阴地区示范平均产量为 4 974.0 千克/公顷，比对照品种绿豌豆增产 16.7%；在定西干旱半干旱地区平均产量为 3 094.5 千克/公顷，比对照品种定豌 1 号增产 5.6%。

利用价值：加工青豌豆专用型品种，也适宜膨化加工利用。

栽培要点：我国西北春播地区在 3 月中下旬至 4 月上旬播种，高水肥条件下播种量 375 千克/公顷，低水肥条件下播种量 300 千克/公顷左右。重施磷肥和钾肥，少施氮肥。中等肥力地块，在整地时施入适量农家肥，再配合施用氮磷钾复合肥 300 千克/公顷；瘠薄地块视长势情况可适量追施尿素。豌豆潜叶蝇和豌豆蚜的防治，可于 5 月上中旬当少数叶片上出现细小孔道时，及时喷施高效低毒杀虫剂；白粉病的防治，当豌豆下部叶片初现白粉状淡黄色小点时及时喷药；豌豆象的防治，可在初花期及早进行。杂草防除，可在播前用适宜的除草剂结合耙地进行地表土壤处理。

适宜地区：适宜在甘肃、宁夏、青海等西北春播豌豆产区种植，特别适宜甘肃高寒阴湿区、河西冷凉区及中西部有灌溉条件的地区种植。

四十四、陇豌 4 号

品种来源：甘肃省农业科学院作物研究所以加拿大豌豆品种 Marrowfat 为母本、Progeta 为父本，经杂交选育而成，原品系代号为 GB09。2014 年通过甘肃省农作物品种审定委员会认定，认定编号为甘认豆 2014002。2018 年通过农业农村部非主要农作物品种登记，登记编号为 GPD 豌豆（2018）620007。

特征特性：春播地区种植生育期 95～98 天。半矮茎，直立生长，花白色。株高 65.0～70.0 厘米，单株荚数 7～12 个，双荚率在 70％以上，不易裂荚，结荚集中。单株荚数 7～16 个，单荚粒数 5～8 粒，粒大、均匀，百粒重 27.0 克。种皮绿色，籽粒呈扁圆形。干籽粒容重 789.00 克/升，蛋白质含量 25.95％，淀粉含量 50.93％，脂肪含量 0.99％，赖氨酸含量 2.08％，水分含量 9.76％。抗根腐病，较易感白粉病，抗倒伏性极好，适宜机械收获。

产量表现：甘肃中部灌区平均产量达到 4 590.0 千克/公顷，河西灌区平均产量为 5 052.0 千克/公顷，最高产量可达 6 000.0 千克/公顷，丰产性很好。甘肃、青海示范平均产量为 4 727.0 千克/公顷，比对照品种（陇豌 1 号）减产 8.8％，比对照品种（中豌 6 号）增产 31.9％。

利用价值：干籽粒粒用类型品种。籽粒大小均匀，子叶绿色，为油炸专用型豌豆品种。

栽培要点：春播地区于 3 月中下旬至 4 月上旬播种，秋播地区于 10 月下旬播种。春播地区，合理密植，水肥条件较好的地块播种量 330 千克/公顷，保苗 120 万株/公顷左右；秋播地区播种量 225 千克/公顷，保苗以 90 万株/公顷为宜。合理施肥，在施农家肥料的基础上，配合施用氮磷钾复合肥 600 千克/公顷作基肥，在整地时一次性施入。重施磷肥和钾肥，轻施氮肥。加强田间管理，及时清除田间杂草，苗期注意防治潜叶蝇，花期注意防治豌豆象和蚜虫，鼓粒期及时防治白粉病。

适宜地区：在我国西北春播区、西南秋播区均可种植，在甘肃、青海、新疆等地表现良好。特别适宜在甘肃高寒阴湿区及中西部有灌溉条件的豌豆产区种植，可与玉米、向日葵、马铃薯等作物套种。

四十五、陇豌 5 号

品种来源：甘肃省农业科学院作物研究所以新西兰双花 101 为母本、宝峰 3 号为父本，经杂交选育而成，原品系代号为 X9002。2015 年通过甘肃省农作物品种审定委员会认定，认定编号为甘认豆 2015002。2018 年通过农业农村部非主要农作物品种登记，登记编号为 GPD 豌豆（2018）620008。

特征特性：矮秆甜脆豌豆品种，直立生长，抗倒伏，免搭架。春播生育期 95~105 天，株高 80.0~95.0 厘米，花白色。主茎分枝 1~2 个，主茎节数 17~22 节，始花节位 11~13 节，单株荚数 6~12 个，鲜荚长 7.0~14.0 厘米，单荚粒数 4~7 粒。种皮绿色，籽粒柱形，皱缩，不规则，百粒重 19.8 克。干籽粒容重 710.00 克/升，蛋白质含量 28.70%，淀粉含量 47.40%，脂肪含量 1.53%。鲜荚肥厚，甜脆可口，无豆腥味。高抗白粉病，适应性广。

产量表现：2011—2012 年在甘肃兰州开展多点豌豆试验，在 5 个参试地点中有 5 个点增产，干籽粒平均产量为 4 920.0 千克/公顷，比当地豌豆品种甜脆豆增产 8.1%，比对照品种（珍珠绿）增产 8.7%。2012 年在 5 个参试地点中有 5 个点增产，平均产量为 4 590.0 千克/公顷，比当地豌豆品种甜脆豆增产12.8%，比对照品种（珍珠绿）增产 8.0%。正常年份产鲜荚22.5～27.0 吨/公顷，鲜荚产量不及传统型甜脆豆品种。

利用价值：甜脆豌豆品种。

栽培要点：合理密植，春播地区水肥条件较好的地块播种量300 千克/公顷，保苗 90 万株/公顷左右；秋播地区播种量 225千克/公顷，保苗以 60 万株/公顷为宜。春播地区于 3 月中下旬至 4 月上旬播种，秋播地区于 10 月下旬播种，播种深度 3～7 厘米。合理施肥，在施农家肥料的基础上，配合施用氮磷钾复合肥600 千克/公顷作基肥，在整地时一次性施入，忌施尿素。加强田间管理，及时清除田间杂草，苗期注意防治潜叶蝇，花荚期加强蚜虫的防治。适时采收，嫩荚定型后及时采收，以免老化导致品质下降。

适宜地区：适宜在甘肃、青海、宁夏、新疆、西藏、内蒙古、辽宁、吉林、黑龙江、陕西、山西、河北等春播豌豆产区种植；也适宜在河南、山东、江苏、浙江、云南、四川、重庆、贵州、湖北、湖南等秋播产区种植。

四十六、陇豌 6 号

品种来源：甘肃省农业科学院作物研究所以加拿大抗白粉病豌豆品种 Mp1807 为母本、绿子叶品种 Graf 为父本，经杂交选育而成，原品系代号为 1702。2015 年通过国家小宗粮豆品种鉴定委员会鉴定，鉴定编号为国品鉴杂 2015035。2018 年通过农业农村部非主要农作物品种登记，登记编号为 GPD 豌豆（2018）620009。

特征特性：广适、高产、抗倒伏豌豆品种。北方春播生育期85～95 天，南方秋播生育期 175～185 天。有限花序和有限结荚习性，花期 20～25 天，结荚集中，株型紧凑，直立生长，花白色。株高 65.0～75.0 厘米，单株荚数 6～18 个，双荚率

70.0％，不易裂荚。单荚粒数 4～8 粒，粒大，种皮白色，粒形光圆，百粒重 24.8 克。干籽粒蛋白质含量 24.10％，淀粉含量 56.97％，脂肪含量 3.14％。抗根腐病，中抗白粉病和褐斑病，抗倒伏性好。

产量表现：2012—2014 年在全国春播区 13 个试点和冬播区 8 个试点进行国家豌豆区域试验，该品种可秋播也可春播，广适性很好，产量高。春播组试验产量为 1 511.0～4 843.0 千克/公顷，平均产量为 2 855.0 千克/公顷，比对照品种增产 18.39％，最高产量为 5 564.0 千克/公顷；冬播组试验产量为 814.0～3 163.0 千克/公顷，平均产量为 2 350.0 千克/公顷，比对照品种增产 12.8％。

利用价值：籽粒光圆、淀粉含量高，是加工豌豆淀粉、豌豆粉丝、豌豆黄、豌豆糕及提取豌豆蛋白的优质原料。

栽培要点：西北春播地区于 3 月中下旬至 4 月上旬播种，高水肥条件种植密度以 135 万株/公顷为宜，低水肥条件种植密度以 105 万株/公顷为宜，即高产田播种量 375 千克/公顷，中低产田播种量 300 千克/公顷。潜叶蝇和豌豆蚜的防治，在 5 月上中旬，当少数叶片上出现细小孔道时，及时喷施高效低毒杀虫剂。豌豆白粉病的防治，当豌豆下部叶片初现白粉状淡黄色小点时，及时喷施高效低毒真菌杀虫剂。豌豆象的防治，可在豌豆初花期及早进行。豌豆田间杂草的防治，可在播种前结合耙地进行土壤处理。

适宜地区：适宜性广，在全国豌豆产区均可种植。特别适宜在西北灌溉农业区和年降水量 350～500 毫米的雨养农业区种植，可与玉米、向日葵、马铃薯、幼林、果树等套种。

四十七、定豌 6 号

品种来源：甘肃省定西市农业科学研究院以 81-5-12-4-7-9 为母本、天山白豌豆为父本，经杂交选育而成，原品系代号为

9236-1。2009 年通过甘肃省农作物品种审定委员会认定，认定编号为甘认豆 2009003；同年通过宁夏回族自治区农作物审定委员会审定，审定编号为宁审豆 2009006。

特征特性：生育期 90 天。白花，株高 57.6 厘米，单株荚数 3.4 个，单荚粒数 11.7 个，百粒重 19.5 克。种皮绿色，籽粒球形。干籽粒蛋白质含量 28.62%，赖氨酸含量 1.91%，脂肪含量 0.76%，淀粉含量 38.96%。稳产，丰产，抗根腐病，蛋白质含量高，综合农艺性状优良。

产量表现：2004—2006 年市级区域试验 3 年 15 点次平均产量为 2 067.0 千克/公顷。

利用价值：蛋白质含量高，适用于鲜食或青豆加工等。

栽培要点：3 月中下旬播种，忌重茬和迎茬，轮作倒茬最好在 3 年以上。小麦茬最好，其次是莜麦、马铃薯等茬口。播种量 195～210 千克/公顷，行距 20～25 厘米。基施适量农家肥、五氧化二磷 225 千克/公顷、尿素 82.5～97.5 千克/公顷。苗期防治潜叶蝇，开花期防治豌豆象，在水地及二阴区种植时，生育后期防治白粉病。

适宜地区：该品种适宜在年降水量 350 毫米以上、海拔 2 700 米以下的半干旱山坡地，以及梯田地和川旱地种植，二阴区种植产量更高。在定西及其相同生态类型地区可作为主栽品种，特别是在根腐病重发区可以推广应用。

四十八、定豌 7 号

品种来源：甘肃省定西市农业科学研究院以天山白豌豆为母本、8707-15 为父本，经杂交选育而成，原品系代号为 9431-1。2010 年通过甘肃省农作物品种审定委员会认定，认定编号为甘认豆 2010003。

特征特性：春播生育期 91 天。无限结荚习性，植株半匍匐生长，茎绿色，上有紫纹，叶绿色，紫花。株高 60.8 厘米，单株荚数 3.2 个，百粒重 21.2 克，单荚粒数 3.7 粒。种皮浅褐色，粒形不规则。干籽粒蛋白质含量 22.60%，赖氨酸含量 1.26%，脂肪含量 1.12%，淀粉含量 64.20%，属高淀粉品种。

产量表现：2004—2006 年市级区域试验平均产量为 1 903.0 千克/公顷。

利用价值：淀粉含量高，适用于淀粉加工、芽苗菜生产等。

栽培要点：春播区于 3 月中下旬播种，忌重茬和迎茬，轮作倒茬最好在 3 年以上。小麦茬最好，其次是莜麦、马铃薯等茬口。播种量 187.5～210.0 千克/公顷，行距 20～25 厘米。基施适量农家肥以及五氧化二磷 225 千克/公顷、尿素 82.5～97.5 千克/公顷。苗期防治潜叶蝇，开花期防治豌豆象，水地及二阴区种植时，生育后期防治白粉病。

适宜地区：适宜在年降水量 350 毫米以上、海拔 2 700 米以下的半干旱山坡地，以及梯田地和川旱地种植，二阴区种植产量更高。在定西及其相同生态类型地区可作为主栽品种推广应用。

四十九、定豌 8 号

品种来源：甘肃省定西市农业科学研究院以 A909 为母本、7345 为父本，经杂交选育而成，原品系代号为 9323-2。2014 年通过甘肃省农作物品种审定委员会认定，认定编号为甘认豆 2014001。

特征特性：生育期 90 天。紫花，株高 65.2 厘米，单株荚数 4.4 个，单荚粒数 4.0 粒，百粒重 21.3 克。种皮浅褐色，粒形不规则。干籽粒蛋白质含量 26.93%，赖氨酸含量 1.38%，脂肪含量 0.90%，淀粉含量 57.52%。

产量表现：2007—2009 年多点试验 3 年 15 点次平均产量为 1 908.0 千克/公顷，居参试品种（系）第一位。

利用价值：蛋白质含量、淀粉含量高，适用于淀粉加工、芽苗菜生产等。

栽培要点：春播区于 3 月中下旬播种，忌重茬和迎茬，轮作倒茬最好在 3 年以上。小麦茬最好，其次是莜麦、马铃薯等茬口。播种量 230 千克/公顷，忌重茬和迎茬。播前基施适量农家肥以及五氧化二磷 225 千克/公顷、尿素 82.5～97.5 千克/公顷。苗期防治潜叶蝇，开花期防治豌豆象，水地及二阴区种植时，生育后期防治白粉病。

适宜地区：适宜在年降水量 350 毫米以上、海拔 2 700 米以下的半干旱山坡地，以及梯田地和川旱地种植，二阴区种植产量更高。在定西及其相同生态类型地区可作为主栽品种推广应用。

五十、定豌 9 号

品种来源：甘肃省定西市农业科学研究院以 S9107 为母本、草原 12 号为父本，经杂交选育而成，原品系代号为 9613。2019 年通过农业农村部非主要农作物品种登记，登记编号为 GPD 豌豆（2019）620019。

特征特性：生育期 92 天。无限结荚习性，植株半匍匐生长，茎绿色。株高 73.3 厘米，主茎节数 13.9 节，花白色。单株荚数 4.1 个，成熟荚淡黄色，荚镰刀形，单荚粒数 3.9 粒，单株粒重 2.8 克，百粒重 20.5 克。种皮白色，籽粒球形。干籽粒蛋白质含量 25.81%，淀粉含量 60.00%，赖氨酸含量 1.32%，脂肪含量 0.77%。耐旱，抗根腐病。

产量表现：多点试验平均产量为 2 064.0 千克/公顷，比对照品种（定豌 4 号）增产 12.1%。生产试验平均产量为 1 971.0 千克/公顷，比地方品种增产 10.3%。二阴区种植产量更高。

利用价值：适用于干籽粒生产、淀粉加工等。

栽培要点：春播区于 3 月中下旬至 4 月上中旬播种，忌重茬和迎茬，轮作间隔应在 3 年以上。播种量 220 千克/公顷，播前基施适量农家肥以及尿素 72 千克/公顷（即纯氮 33 千克/公顷）、过磷酸钙 225 千克/公顷（即五氧化二磷 63 千克/公顷）。苗期防治潜叶蝇，开花期防治豌豆象。

适宜地区：适宜在年降水量 350 毫米以上、海拔 2 700 米以下的半干旱山坡地，以及梯田地和川旱地种植。

五十一、定豌 10 号

品种来源：甘肃省定西市农业科学研究院以 S9107 为母本、草原 31 号为父本，经杂交选育而成，原品系代号为 9618-2。2020 年通过农业农村部非主要农作物品种登记，登记编号为 GPD 豌豆（2020）620035。

特征特性：生育期 90 天。无限结荚习性，植株半匍匐生长。茎绿色，上有紫纹，株高 74.5 厘米，主茎节数 13.7 节，花紫色。单株荚数 4.3 个，成熟荚淡黄色、马刀形。单荚粒数 3.4 粒，单株粒重 3.1 克，百粒重 21.4 克。种皮浅褐色，粒形不规则。干籽粒蛋白质含量 26.00%，淀粉含量 51.00%，赖氨酸含量 1.29%。耐旱，抗根腐病。

产量表现：多点试验平均产量为 2 077.5 千克/公顷，比对照品种（定豌 4 号）增产 12.9%。生产试验平均产量为 2 020.5 千克/公顷，比当地对照品种增产 11.2%。二阴区种植产量更高。

利用价值：适用于干籽粒生产、芽苗菜生产等。

栽培要点：春播区于 3 月中下旬至 4 月上中旬播种，忌重茬和迎茬，轮作间隔应在 3 年以上。播种量 230 千克/公顷。播前基施适量农家肥以及尿素 72 千克/公顷（即纯氮 33 千克/公顷）、过磷酸钙 225 千克/公顷（即五氧化二磷 63 千克/公顷）。苗期防治潜叶蝇，开花期防治豌豆象。

适宜地区：适宜在年降水量 350 毫米以上、海拔 2 700 米以下的半干旱山坡地，以及梯田地和川旱地种植。

五十二、定豌新品系 2001

品种来源：甘肃省定西市农业科学研究院以 9441 为母本、

A404 为父本，经杂交选育而成，原品系代号为 2001。

特征特性：生育期 90 天。无限结荚习性，植株半匍匐生长，茎绿色，上有紫纹。株高 71.0 厘米，主茎节数 17.0 节，花紫红色。单株荚数 6.0 个，荚长 6.4 厘米，成熟荚淡黄色、马刀形，单荚粒数 4.0 粒，单株粒重 4.3 克，百粒重 23.7 克。种皮浅褐色，粒形不规则。干籽粒蛋白质含量 21.38%，淀粉含量 57.10%，赖氨酸含量 1.81%，脂肪含量 1.22%。耐旱，抗根腐病。

产量表现：2015—2017 年品系鉴定试验平均产量为 2 055.0 千克/公顷，比对照品种（定豌 4 号）增产 20.2%。2018—2019 年多点试验平均产量为 3 232.5 千克/公顷，比对照品种（定豌 4 号）增产 12.3%。

利用价值：适用于干籽粒生产、饲料加工等。

栽培要点：春播区于 3 月中下旬至 4 月上中旬播种，忌重茬和迎茬，轮作间隔应在 3 年以上。播种量 240 千克/公顷。播前基施适量农家肥以及尿素 72 千克/公顷（即纯氮 33 千克/公顷）、过磷酸钙 225 千克/公顷（即五氧化二磷 63 千克/公顷）。苗期防治潜叶蝇，开花期防治豌豆象。

适宜地区：适宜在年降水量 350 毫米以上、海拔 2 700 米以下的半干旱山坡地，以及梯田地和川旱地种植，二阴地种植产量更高。

五十三、定豌新品系 9617

品种来源：甘肃省定西市农业科学研究院以 S9107 为母本、草原 224 号为父本，经杂交选育而成，原品系代号为 9617。

特征特性：生育期 90 天。无限结荚习性，植株半匍匐生长，茎绿色。株高 65.0 厘米，主茎节数 13.0 节，花白色。单株荚数 3.8 个，成熟荚淡黄色、马刀形，单荚粒数 4.0 粒，单株粒重 2.5 克，百粒重 20.0 克。种皮白色，籽粒球形。干籽粒蛋白质含量 22.14%，淀粉含量 57.90%，赖氨酸含量 1.03%，脂肪含量 1.21%。抗枯萎病和根腐病。

产量表现：2015—2017 年多点试验平均产量为 2 250.0 千克/公顷，比对照品种（定豌 4 号）增产 13.2%。生产试验平均产量为 2 109.0 千克/公顷，比地方品种增产 11.2%。二阴地种植产量更高。

利用价值：适用于干籽粒、鲜食籽粒生产等。

栽培要点：春播区于 3 月中下旬至 4 月上中旬播种，忌重茬和迎茬，轮作间隔应在 3 年以上。播种量 220 千克/公顷。播前基施适量农家肥以及尿素 72 千克/公顷（即纯氮 33 千克/公顷）、过磷酸钙 225 千克/公顷（即五氧化二磷 63 千克/公顷）。苗期防治潜叶蝇，开花期防治豌豆象。

适宜地区：适宜在年降水量 350 毫米以上、海拔 2 700 米以下的半干旱山坡地，以及梯田地和川旱地种植。

五十四、定豌豆 DNX-2006

品种来源：甘肃省定西市农业科学研究院从本地麻豌豆的变异单株中系统选育而成，原品系代号为 DNX-2006。

特征特性：生育期 90 天。无限结荚习性，植株半蔓生。扁化茎，绿色。多花序，花浅红色。株高 75.5 厘米，主茎节数 14.5 节。单株荚数 5.1 个，成熟荚淡黄色、马刀形。单荚粒数 4.0 粒，单株粒重 2.9 克，百粒重 22.0 克。种皮浅褐色，籽粒呈球形。干籽粒蛋白质含量 23.17%，淀粉含量 57.50%，赖氨酸含量 1.24%，脂肪含量 0.94%。

产量表现：开展大田生产试验表明，在水肥条件中等及偏低的区域种植，平均产量达 2 084.0 千克/公顷；在水肥条件较高的区域种植，平均产量可达 4 050.0 千克/公顷。

利用价值：适用于干籽粒生产、观赏种植等。

栽培要点：春播区于 3 月中下旬至 4 月上中旬播种，忌重茬和迎茬，轮作间隔应在 3 年以上。播种量 230 千克/公顷。播前基施适量农家肥以及尿素 72 千克/公顷（即纯氮 33 千克/公顷）、过磷酸钙 225 千克/公顷（即五氧化二磷 63 千克/公顷）。苗期防治潜叶蝇，开花期防治豌豆象。

适宜地区：适宜在甘肃省半干旱山坡地、梯田地和川旱地种植，在水肥条件较好的区域种植则产量更高。

五十五、银豌 1 号

品种来源：甘肃省白银市农业科学研究所以从青海省农林科学院引入的高代品系中系统选育而成，原品系代号为 86-2-7-2-1。2008 年通过甘肃省农作物品种审定委员会认定，认定编号为甘认豆 2008005。2005 年获甘肃省白银市科技进步奖一等奖，2009 年获甘肃省科技进步奖二等奖。

特征特性：生育期 95 天。有限结荚习性，幼茎绿色。株高 60.0～70.0 厘米，主茎分枝 1～3 个，叶深绿色，花白色。单株荚数 6.5 个，双荚率 73.0%，硬荚。荚长 6.2 厘米，马刀形，单荚粒数 4.5 粒，百粒重 26.5 克。种皮白色，籽粒卵形。干籽粒蛋白质含量 24.63%，淀粉含量 60.29%，赖氨酸含量 1.40%，脂肪含量 1.37%。丰产稳产，抗根腐病。

产量表现：2008—2009 年区域试验平均产量为 5 718.0 千克/公顷，比对照品种（银豌 1 号）增产 12.8%。2009—2010 年生产试验平均产量为 5 404.0 千克/公顷，比对照品种（银豌 1 号）增产 12.9%。

利用价值：高蛋白品种，适宜作饲料、生产豆苗及芽菜。

栽培要点：3 月下旬至 4 月上旬播种，单作播种量 300 千克/公顷，株距 4 厘米，行距 25 厘米，种植密度 10 万株/公顷。苗期防治潜叶蝇，花期防治豌豆象。

适宜地区：适宜在甘肃省白银灌区、甘南二阴地区及相似生态环境区域种植。

五十六、银豌 2 号

品种来源： 甘肃省白银市农业科学研究所以银豌 1 号为母本、Hafila 为父本，经杂交选育而成，原品系代号为 621。2013 年通过甘肃省农作物品种审定委员会认定，认定编号为甘认豆 2013001。2015 年获甘肃省白银市科技进步奖一等奖，2016 年获甘肃省科技进步奖三等奖。

特征特性： 生育期 96 天。有限结荚习性，幼茎绿色。株高 60.0～70.0 厘米，主茎分枝 1～3 个，叶深绿色，花白色。单株荚数 6.5 个，双荚率 73.0%，硬荚。荚长 6.2 厘米，马刀形，单荚粒数 4.5 粒，百粒重 26.5 克。种皮白色，籽粒卵形。干籽粒蛋白质含量 24.63%，淀粉含量 60.29%，赖氨酸含量 1.40%，脂肪含量 1.37%。丰产稳产，抗根腐病。

产量表现： 2008—2009 年区域试验平均产量为 5 718.0 千克/公顷，比对照品种（银豌 1 号）增产 12.8%。2009—2010 年生产试验平均产量为 5 404.0 千克/公顷，比对照品种（银豌 1 号）增产 12.9%。

利用价值： 银豌 2 号为高蛋白品种，适宜作饲料、生产豆苗及芽菜。

栽培要点： 3 月下旬至 4 月上旬播种，播种量 300 千克/公顷，株距 4 厘米，行距 25 厘米，种植密度 10 万株/公顷。苗期防治潜叶蝇，花期防治豌豆象。

适宜地区： 适宜在甘肃省白银灌区、甘南二阴地区及相似生态环境区域种植。

五十七、银豌 3 号

品种来源： 甘肃省白银市农业科学研究所以银豌 1 号为母本、秦选 1 号为父本，经杂交选育而成，原品系代号为 06-4-1-1-1-3。2015 年通过甘肃省农作物品种审定委员会认定，认定编号为甘认豆2015001。

特征特性：生育期93天。有限结荚习性，幼茎绿色。株高55.0～63.0厘米，主茎分枝1～2个，叶深绿色，花白色。单株荚数6.5个，双荚率62.0%，硬荚。荚长6.1厘米，马刀形，单荚粒数4.3粒，百粒重25.9克。种皮白色，籽粒卵形。干籽粒蛋白质含量22.00%，淀粉含量55.82%，赖氨酸含量1.87%，脂肪含量1.81%。丰产稳产，抗病性较强。

产量表现：2013—2014年区域试验平均产量为5 345.0千克/公顷，比对照品种（银豌1号）增产15.6%。2014年生产试验平均产量为5 445.0千克/公顷，比对照品种（银豌1号）增产12.2%。

利用价值：银豌3号为高蛋白、高赖氨酸品种，适宜作饲料、生产豆苗及芽菜。

栽培要点：3月下旬至4月上旬播种，单种播种量300千克/公顷，株距4厘米，行距25厘米，种植密度10万株/公顷。苗期防治潜叶蝇，花期防治豌豆象。

适宜地区：适宜在甘肃省白银灌区及相似生态环境区域种植。

五十八、银豌4号

品种来源：甘肃省白银市农业科学研究所以秦选1号为母本、宁豌2号为父本，经杂交选育而成，原品系代号为06-9-3-3-1-2。2016年通过甘肃省农作物品种审定委员会认定，认定编号为甘认豆2016001。

特征特性：生育期95天。有限结荚习性，幼茎绿色。株高55.0～65.0厘米，主茎分枝1～2个，叶深绿色，花白色。单株荚数6.9个，双荚率74.0%，硬荚。荚长6.0厘米，马刀形，单荚粒数4.0粒，百粒重24.6克。种皮白色，籽粒球形。干籽粒蛋白质含量24.28%，淀粉含量55.90%，赖氨酸含量1.90%，脂肪含量1.29%。丰产稳产，中抗白粉病。

产量表现：2013—2014 年区域试验平均产量为 5 273.0 千克/公顷，比对照品种（银豌 1 号）增产 14.1%。2014—2015 年生产试验平均产量为 5 319.0 千克/公顷，比对照品种（银豌 1 号）增产 11.5%。

利用价值：银豌 4 号为高蛋白、高赖氨酸品种，适宜作饲料、生产豆苗及芽菜。

栽培要点：适期早播，促进形成壮苗，忌重茬和迎茬。播前施农家肥 38 吨/公顷、五氧化二磷 750 千克/公顷、尿素 150 千克/公顷。苗期防治潜叶蝇，花期防治豌豆象。

适宜地区：适宜在甘肃省白银市及类似生态区种植。

五十九、草原 28 号

品种来源：青海省农林科学院作物育种栽培研究所以草原 224 为母本、Ay737 为父本，经杂交选育而成，原品系代号为 97-6-19-9-1。2011 年通过青海省农作物品种审定委员会审定，审定编号为青审豆 2011002。

特征特性：春性、早熟品种，生育期 98 天。无限结荚习性，幼苗直立、绿色，成熟茎黄色，株高 65～80 厘米。矮茎，茎上覆盖蜡被，有效分枝 1～2 个。复叶绿色，由 3 对小叶组成，小叶全缘，卵圆形，托叶绿色，有缺刻，小叶有剥蚀斑，托叶中等，托叶腋有花青斑。花深紫红色，旗瓣紫红色，翼瓣深紫红色，龙骨瓣淡绿色。硬荚，刀形，成熟荚淡黄色。种皮紫红色，籽粒呈柱形，粒径 0.8～0.9 厘米，种脐褐色。单株荚数 10～15 个，单株粒数 35～45 粒，单株粒重 10.1～12.3 克，百粒重 30.1～32.7 克。干籽粒蛋白质含量 22.99%，淀粉含量 55.00%，脂肪含量 1.07%。

产量表现：产量一般为 3 100.0～4 300.0 千克/公顷。青海省豌豆品种区域试验平均产量为 4 309.4 千克/公顷，比对照品种（草原 224）增产 20.1%。青海省豌豆品种生产试验平均产量为 3 903.9 千克/公顷,比对照品种(草原 224)增产 26.6%。2010 年在海南藏族自治州共和县铁盖乡七台村种植 0.02 公顷,平均产量为 4 327.0 千克/公顷。

利用价值:粒大、皮厚、淀粉含量高,是适用于芽苗菜制作、淀粉加工的粒用型品种。

栽培要点:3 月下旬至 4 月中下旬播种,播种量 180~225 千克/公顷,种植密度 75 万~90 万株/公顷,株距 3~6 厘米,行距 25~30 厘米。有灌溉条件的地区,在始花期、结荚期各浇水 1~2 次。注意苗期防治潜叶蝇和地下害虫危害。

适宜地区:适宜在青海省东部农业区川水地复种、中位山旱地种植。

六十、草原 29 号

品种来源:青海省农林科学院作物研究所以 Ay737 为母本、422 为父本,经杂交选育而成,原品系代号为 96-2-5-8。2012 年通过国家小宗粮豆品种鉴定委员会鉴定,鉴定编号为国品鉴杂 2012009。

特征特性:春性品种,生育期 88~105 天。无限结荚习性,幼苗直立、绿色,成熟茎黄色,株高 80.3~87.5 厘米。矮茎、绿色,茎上覆盖蜡被,有效分枝 2.2~3.0 个。花柄上多着生 2 朵花,花白色。硬荚,刀形,种皮白色,圆形。单株荚数 12.5~14.9 个,双荚率 70.5%~72.1%,单荚粒数 3.1~3.3 粒,单株粒数 37.4~45.6 粒,单株粒重 10.9~20.9 克,百粒重 17.5~21.1 克。干籽粒蛋白质含量 18.63%,淀粉含量 66.90%,脂肪含量 0.32%。田间自然鉴定发现豌豆潜叶蝇危害,未发现根腐病、白粉病,无豌豆象、豌豆小卷叶蛾危害,中抗倒伏,中等耐旱。

产量表现:在全国冬豌豆品种区域试验中,平均产量为 1 659.0 千克/公顷,比参试品种的平均产量高 7.3%。在全国冬豌豆生产试验中，平均产量为 2 212.5 千克/公顷。

利用价值：白圆粒、淀粉含量高，是适用于淀粉及淀粉制品加工的粒用型品种。

栽培要点：3 月下旬至 4 月中下旬播种，播种量 225 千克/公顷，种植密度 75 万～90 万株/公顷，株距 3～6 厘米，行距 25～30 厘米。有灌溉条件的地区，在始花期、结荚期各浇水 1～2 次，注意苗期防治潜叶蝇和地下害虫危害。

适宜地区：适宜在我国西南地区的部分冬播区种植。

六十一、中豌 4 号

品种来源：中国农业科学院畜牧研究所以 1341 豌豆（引自英国）为母本、4511 豌豆（引自美国）为父本，经杂交选育而成。

特征特性：株高 55 厘米左右，茎叶浅绿色，花冠白色，单株结荚数 6～8 个，冬季单株结荚数达 10～20 个。嫩豆粒浅绿色，干籽粒黄白色，圆形，光滑，属中粒种。种皮较薄，品质中上等。早熟，华北地区从播种至采收青荚约 70 天。3 月上中旬播种，5 月 20 日可陆续采收青荚。由于生育期短、成熟早，在西南部分地区除冬播春收外，也可春播夏收、秋播冬收。适应性强、耐寒、较抗旱，后期较抗白粉病。

产量表现：稳产性能好，在中等肥力的土壤上亩产青荚 600～800 千克，干籽粒 150～200 千克。

利用价值：鲜籽粒和干籽粒兼用型豌豆。

栽培要点：北京地区 3 月上中旬播种，条播行距 38 厘米，株距 3～4 厘米，每亩地 55 000～60 000 株苗，播种量每亩约 12 千克。华南地区冬种，以 11 月上旬播种为宜，每亩用种量 8～10 千克，以每亩 40 000～45 000 株苗为好。如行条播，行距 30 厘米即可，覆土厚 2～3 厘米。要施足底肥，注意增施磷、钾肥。苗期要勤中耕，生长期间要视苗情追施肥料，开花结荚期应适时浇水 2～3 次，并应及时防治潜叶蝇和豌豆象等害虫。

适宜地区：适宜在华北、华中、东北、西北地区种植。

六十二、中豌 6 号

品种来源：中豌 6 号是中国农业科学院畜牧研究所以中豌 4 号为母本、4511 豌豆为父本，经杂交选育而成。中豌 6 号矮生直立，是适合间套种的早熟高产豌豆新品种。

特征特性：株高 40～50 厘米，茎叶深绿色，白花、硬荚。北京春播分枝少，一般单株荚果 5～8 个。干豌豆为浅绿色，百粒重 25 克左右。鲜青豆百粒重 52 克左右，青豆出仁率 47.8%。

从出苗至成熟 66 天左右，较本地豌豆早熟 7～20 天。生长势强、抗寒、耐旱（苗期对水分需要较少，现蕾开花到结荚鼓粒期需水较多）。对温度适应范围较广，喜冷凉湿润气候，幼苗较耐寒，但花及幼荚易受冻害，生长期适温 15～18℃，结荚期需 20℃。若遇高温，会加速种子成熟，降低产量和品质。

对土壤要求不严，但以有机质多，排水良好，并富含磷、钾和钙的土壤为宜。适宜的土壤 pH 为 6.0～7.5，土壤过酸，则根瘤难形成，生长不好。

产量表现：在中等肥力、条件良好的情况下，籽粒亩产 150～200 千克，高者达 240 千克以上，青豌豆荚亩产 700～800 千克，前期青豌豆荚产量约占总产量的 50%。籽粒风干物中含粗蛋白质 24% 左右，品质优良，商品性好。

利用价值：鲜籽粒和干籽粒兼用型豌豆。

栽培要点：早春土壤化冻后即可播种（北京 3 月上旬），每亩播种量 15 千克，以 55 000～60 000 株苗为宜。条播行距 30 厘米，覆土厚 3 厘米。应施足基肥，注意增施磷、钾肥。苗期要勤中耕，视苗情追肥，亩施尿素 5～7.5 千克，开花结荚期应适时浇水 2～3 次。

4 月上中旬开始注意防治潜叶蝇，用 40% 乐果乳剂 1 600 倍稀释液，每隔 1 周喷 1 次，视虫情喷 2～3 次。茎叶和荚果转黄后应立即收获，宜在早晨露水未干时收获，否则易炸落粒，在场院及时晾晒脱粒。本品种为早熟矮生型，适合与其他作物间套作。

北方春播地区：早春土壤化冻后即可播种，每亩播种量 15 千克，以 5.6 万～6 万株苗为宜。条播行距 30 厘米，覆土 3 厘米，应施足基肥，注意增施磷、钾肥，苗期要勤中耕，生长期间可视苗情酌施追肥。开花结荚期应适时浇水 2～3 次，并应及时防治潜叶蝇和豌豆象等害虫。

南方冬播区：一般在 11—12 月播种，应掌握以苗高 5～7 厘米、生长 3～5 片小叶越冬为好，当翌年早春气温回升时，恢复生长。如果播种过早，年前旺发，花、荚期遇低温，易受冻害。

冬播每亩播种量 10～12 千克，以每亩 4 万～4.5 万苗为宜，条播或穴播均可。施足基肥，增施磷、钾肥。地下水位高的地区，应深沟高畦，以利于排水。生长期间如土壤温度过高或积水易导致烂根死亡或早衰。生长后期应酌情注意防治白粉病。

适宜地区：适宜在华北、华中、东北、西北地区种植。

六十三、浙豌 1 号

品种来源：浙豌 1 号是浙江省农业科学院蔬菜研究所育成的鲜食加工兼用型菜用豌豆新品种。

特征特性：该品种属蔓生类型，株高约 110 厘米，主侧蔓均可结荚，每株 3～5 蔓，单株结荚 20～25 个。冬播播种至鲜荚采收 135～140 天。茎叶浅绿色，白花，嫩荚绿色，平均荚长 9.3 厘米，荚宽 2.1 厘米，单荚重约 10 克，百粒鲜重 66.0 克，嫩豆粒味甜、色翠绿，中等成熟时质糯而带甜味，适宜鲜食和速冻。抗病性强。

产量表现：抗病性强，产量高，平均亩产鲜荚 1 000 千克左右。区域试验表明，比对照品种（中豌 6 号）平均每亩增产 53.8%。

利用价值：适合鲜食加工兼菜用。

栽培要点：浙江冬季一般在 11 月上中旬播种。可采用穴播，每畦 2 行，行距 60 厘米，株距 25 厘米，每穴播 3 粒种子，用种量每亩 2～2.5 千克，播后覆土 2 厘米。

播种后 2 天内喷乙草胺封草，出苗后应及时查苗补苗。苗肥以液体肥料为主，出苗后施用少量尿素。立春后结合中耕追肥 1 次，施尿素 10 千克。2 月下旬至 3 月上旬，搭架前再中耕 1 次。该品种蔓生，茎柔嫩，易倒伏，必须设立支架，设立支架一般在 2 月底、当苗高达 30 厘米时进行。爬蔓后四周用尼龙绳固定捆扎，防止倒伏。采用竹竿、棉秆支架。干旱时可沟灌或滴灌，保持土壤湿润。

潜叶蝇、豆秆黑潜蝇、斜纹夜蛾和蚜虫是豌豆的主要害虫，应在苗期和花期抓好防治工作，可用 10% 吡虫啉可湿性粉剂 3 000 倍液防治 2～3 次。开花期一定要注意防治豆荚螟和豌豆象。当气温在 20℃ 以上时，应用潜克或灭蝇胺防治潜叶蝇，避免其大面积暴发。病害主要是白粉病、根腐病，可用多菌灵、敌磺钠等药剂防治。

适宜地区：适宜江浙地区种植。

六十四、浙豌 2 号

品种来源：浙豌 2 号是浙江省农业科学院蔬菜研究所育成的鲜食加工兼用型菜用豌豆新品种。

特征特性：植株矮生，株高约 50 厘米，单株结荚数 12～20 荚。主要表现为大荚、大粒，平均荚长 7～8 厘米，荚宽 1.5 厘米，荚厚 1.1～1.3 厘米，每荚含籽粒 6～8 粒，百粒鲜重 65～80 克。嫩豆粒翠绿色，味甜，质糯，营养丰富，品质佳，适宜鲜食和速冻。耐寒，抗病性强，抗白粉病和锈病，适应性广，不用搭架，省时省工。

产量表现：产量高，亩产青荚约 800 千克，比目前豌豆主栽品种中豌 6 号增产在 20% 以上。

利用价值：适合鲜食加工兼菜用。

栽培要点：秋季栽培一般在 9 月上中旬，冬季栽培在浙江东南部地区一般在 11 月底。可采用条直播，行距 30 厘米，株距 15 厘米，每亩用种量 12.5～17.5 千克，播后覆土 2 厘米。

播种后 2 天内喷乙草胺封草，出苗后及时查苗补苗。出苗后，每亩追施尿素 5 千克，第一次追肥后，可进行 1 次中耕，并结合进行培土，保护根系免受冻害。始花期追肥 1 次，每亩用尿素 5 千克，盛花期施尿素 7.5 千克。

潜叶蝇、豆秆黑潜蝇、斜纹夜蛾和蚜虫是豌豆的主要害虫，应在苗期和花期抓好防治工作，可用 10% 吡虫啉可湿性粉剂 3 000 倍液防治 2～3 次。开花期一定要注意防治豆荚螟和豌豆象。当气温在 20℃ 以上时，应用潜克或灭蝇胺防治潜叶蝇，避免其大面积暴发。病害主要是白粉病、根腐病，可用多菌灵、敌磺钠等药剂防治。

适宜地区：适宜江浙地区种植。

六十五、荣涛 9 号

品种来源：由北京荣涛豌豆产销专业合作社选育而成的鲜食加工兼用型菜用豌豆新品种。

特征特性：株高 50～60 厘米，茎叶深绿色、白花、硬荚。单株荚果 6～8 个，荚长 7～8 厘米，荚宽 1.2 厘米。单荚数 6 个左右。第一荚果着生部位距根部多为 20 厘米。成熟的干豌豆为浅绿色，百粒重 23 克左右；未成熟的新鲜青豌豆荚果和豆粒均为浅绿色，青豆百粒重 46 克左右。

产量表现：产量高，亩产青荚约 800 千克。

利用价值：适合鲜食加工兼菜用。

栽培要点：在北京 3 月上旬播种，3 月底或 4 月初出苗，4

月底盛花，6 月 10 日前后成熟，从出苗到成熟 70 天左右。江浙地区 9 月上中旬播种，10 月底至 11 月底收获，从出苗到成熟 55 天左右。

适宜地区：适宜在华北、华中、东北、西北地区种植。

六十六、中秦 1 号

品种来源：由中国农业科学院作物科学研究所采用 EMS 诱变美国来源的豌豆资源"早绿"而成。

特征特性：株高 50 厘米左右，根系发达，较抗根腐病。茎节约 15 个，叶片深绿，鲜茎绿色。初花节位在第 8 节，白色花，双花序。鲜荚绿色，长约 8 厘米，宽约 1.5 厘米，直荚，荚尖端呈钝角形。单荚粒数一般为 7～8 粒，单株结荚 15 个左右，鲜粒绿色，呈球形，成熟籽粒绿色皱缩，百粒重 23.5～24.5 克。群体整齐一致，纯合，稳定。全生育期 80 天，属早熟品种。从出苗到采鲜荚 65 天。株高适中，生长势强，茎秆坚韧，抗倒伏性较强。病毒病、白粉病的发病率在田间调查中较低。

产量表现：双荚型，单株荚多，粒多，丰产性好，亩产干籽粒一般在 200～300 千克，亩产鲜荚一般在 1 500～2 000 千克。

利用价值：适合鲜食加工兼菜用。

栽培要点：在北京 3 月上旬播种，3 月底或 4 月初出苗，4 月底盛花，6 月 10 日前后成熟，从出苗到成熟 70 天左右。江浙地区 9 月上中旬播种，10 月底至 11 月底收获，从出苗到成熟 55 天左右。

适宜地区：适宜在华北、华中、东北、西北地区种植。

第四章
栽培、收获、储藏技术

第一节　塑料大棚搭建

　　塑料大棚是在塑料小拱棚基础上发展起来的大型塑料薄膜覆盖保护地栽培设施。20 世纪 50 年代，我国从苏联引进保护地栽培技术，可谓简易的设施农业。60 年代后期，塑料大棚引入我国，最先在蔬菜上应用。60 年代末，我国北方才初步形成了由简单覆盖、风障等构成的保护地生产技术体系。70 年代，推广地膜覆盖技术，对保温、保水、保肥起到了很大作用。70 年代初，在黑龙江高寒地区、山西晋中等地开始进行小面积的大棚西瓜栽培试验，但因当时处于摸索阶段，栽培管理技术不成熟，再加上当时塑料工业尚不发达，所以没有发展起来。80 年代初期以来，沿海等地区又开始研究和推广大棚西瓜栽培技术，并取得了突破性的进展。80 年代中后期，许多地方，特别是浙江台州一带，运用单栋式 6 米宽钢管大棚或 8 米宽提高型钢管大棚加地膜对嫁接后的西瓜进行反季节栽培，实现了西瓜早熟、丰产和优质，取得了明显的增产和增效。进入 90 年代后，这项技术除了广泛用于西瓜外，还用于茄子、番茄等其他蔬菜。我国设施园艺总面积已从 1981 年的 10.8 万亩猛增到 2015 年的 6 160.0 万亩，设施蔬菜面积达到 5 700 多万亩，我国一跃成为世界设施园艺面积最大的国家，更因为我国设施园艺具有以节约能源为特色的高效实用的生产技术体系，从而在世界设施园艺学术界中占有重要地位。

一、塑料大棚的类型、性能及建造

（一）大棚的类型

目前，我国塑料大棚的种类很多。根据棚顶的形状，可分为拱圆形、屋脊形；根据连接方式和栋数，可分为单栋型和连栋型；根据骨架结构形式，可分为拱架式、横梁式、桁架式、充气式；根据建筑材料，可分为竹木结构、混合结构、钢管水泥柱结构、钢管结构及 GRC（玻璃纤维增强混凝土）预制件结构等；根据使用年限，可分为永久型和临时型。还可以按照使用面积的大小，将大棚划分为塑料小棚、塑料中棚、塑料大棚 3 种。一般把棚高 1.8 米以上、棚跨度 8 米、棚长度 40 米以上、面积 0.5 亩以上的称为大棚；棚高 1～1.5 米、棚跨度 4～5 米、面积 0.1～0.5 亩的称为中棚；棚高 0.5～0.9 米、棚跨度 2 米、面积 0.1 亩以下的称为小棚。

各种类型的大棚都有独特的性能和特点，使用者可根据当地的气候条件、经济实力和建棚目的灵活选用。

1. 按屋顶形式区分

（1）拱圆形大棚。该类型的大棚是用竹木、圆钢或镀锌钢管、水泥或 GRC 预制件等材料制成弧形或半椭圆形骨架（又称棚体）。其内部结构可分为两种，一种有立柱、拉杆，另一种无立柱。棚架上覆盖塑料薄膜再用压杆、拉丝或压膜线等固定好，形成完整的大棚。

（2）屋脊型双斜面大棚。这种大棚的顶部呈"人"字形，有两个斜面，棚两端和棚两侧与地面垂直，而且较高，外形酷似一幢房子，其建材多为角钢。因其建造复杂、棱角多，易损坏塑料薄膜，故生产上应用日益减少。

2. 按构建材料区分

（1）毛竹大棚。所用的主要材料如下。

①毛竹。二年生毛竹，长 5 米左右，中间处粗度 8～12 厘

米、顶粗度不小于 6 厘米。竹子砍伐时间以 8 月以后为好，这样的毛竹质地坚硬且柔韧富有弹性，不生虫，不易开裂。按每亩大棚需毛竹 2 000 千克左右备用。

②大棚膜。最佳选用多功能膜（无滴膜），以增加光能利用率，提高棚的保温性能。膜幅宽 7～9 米，厚度 65～80 微米，一筒 40 千克的大棚膜可覆盖 1 亩左右。

③小棚膜。选用普通农膜，幅宽 2～3 米，厚度 14 微米，每亩用量 10 千克。小棚用的竹片长 2～3 米，宽 2～3 厘米。

④地膜。选用 1.5～2.0 米宽的无滴膜（水稻秧苗膜），每亩用量 3 千克。

⑤压膜线。可选用企业生产的压膜线，也可就地取材，每亩用量 7 千克。

⑥竹桩。竹桩用毛竹根部制成，长约 50 厘米，近梢端削尖，近根端削出止口，以利于压膜线固定，每亩用量约 260 根。

在建造大棚前，要对一些骨架材料进行处理，埋入地下的基础部分是竹木材料的，要涂以沥青或用废旧薄膜包裹，防止腐烂。拱杆表面要打磨光滑，防止扎破棚膜。

毛竹大棚的建造要按以下工序执行：定位放样→搭拱架→埋竹桩（压膜线固定柱）→上棚膜（选无风晴天进行）→上压膜线扣膜（拴紧、压牢）→覆膜。

整块大棚膜的长宽均应比棚体长宽多 4 米左右。覆膜时，先沿大棚的长边靠近插拱架的地方，开一条 10～20 厘米深的浅沟。盖膜后，将预先留出的贴地部分依次放入已开好的沟内，并随即培土压实。这种盖膜方式保温性能好，但气温回升后通风较困难，有时只好在棚膜上开通风口，致使棚膜不能重复使用。盖膜时操作简单。

塑料大棚覆盖薄膜以后，均需在两个拱架间，用压膜线来压住薄膜，以免因刮风吹起而撕破薄膜，影响覆盖效果。目前，常用的压膜线为聚丙烯压膜线。

（2）825 型和 622 型钢管棚。所用的主体材料为装配式镀锌钢管。其他主要材料如下。

①大棚膜。内外膜均选用多功能膜（无滴膜），以增加光能利用率，提高大棚的保温性能。外膜幅宽 12.5 米，厚度 80 微米，一筒 40 千克的大棚膜可覆盖 1 亩左右。内膜选用多功能膜 8～10 米（无滴膜），厚度 50 微米，每亩用量 25～30 千克。

②裙膜。高 80 厘米，根据大棚长度，由旧大棚外膜裁剪而成。

③地膜。选用 1.5～2.0 米宽的无滴膜（水稻秧苗膜），每亩用量 3 千克。

④压膜线。可选用企业生产的压膜线，也可就地取材，每亩用量 7 千克。

⑤拉钩。由铁制材料做成，长约 50 厘米，每边隔 1 米 1 个，每亩用量约 170 个。

此类大棚构建按以下工序执行：定位放样→安装拱管（按厂家提供的使用说明书进行组装）→安装纵向拉杆并进行棚形调整→装压膜槽和接头（安装时，压膜槽的接头尽可能错开，以提高棚的稳固性）→覆膜→安装好摇膜设施。钢管棚通风口的大小由摇膜杆高低来控制。

（二）塑料大棚的性能和效应

1. 透光性能

光照是大棚内小气候形成的主导因素，直接或间接地影响着棚内温度和湿度的变化。影响棚内光照度的因素很多，如不同质地的棚膜透光率差异很大，新的聚乙烯棚膜透光率可达 80%～90%，而薄膜经粉尘污染或附着水珠后，透光率很快下降；大棚膜顶的形状、大棚走向以及棚架的遮阳状况等都影响棚内的光照度。据测定，大棚内的光照度在晴朗的天气相当于自然光的 51%；在阴天，棚内散射光则为自然光的 70% 左右，可基本满足豌豆生长发育的要求。因此，光照条件比中、小塑料棚内优越。棚内光照度的垂直变化是上部光照度较大，向下逐渐减弱，近地面处最小。

2. 增温、保温性能

由于塑料薄膜的热传导率低，导热系数仅为玻璃的 1/4，透过薄膜的光，照射到地面所产生的辐射热散发慢，保温性能好，棚内温度升高快。同时，由于大棚覆盖的空间大，棚内温度比中小棚要稳定。一般大棚内地温和气温稳定在 15℃ 以上的时间比露地早 30～40 天，比地膜覆盖早 20～30 天。此外，大棚内空间大，可根据情况在棚内加盖小拱棚，其保温效果可得到进一步提高。大棚"三膜覆盖"豌豆一般比露地早播种 75 天左右，比"两膜覆盖"的早 45 天左右。

（三）建棚前的准备

大棚投资大，使用年限长，在建棚时要进行周密的计划。首先，要选择 3～5 年内都未种过豌豆和十字花科蔬菜的地块作为建棚场地，而且建棚场地的选择，要求符合以下条件：背风向阳，东、西、南三面开阔，无遮阳，以利于大棚采光。沿海地区按台风风向东西方向建棚，内陆地区按采光度南北方向建棚。丘陵地区要避免在山谷风口处或低洼处建棚。地面平坦，地势较高，土壤肥沃，灌排水方便，水质无污染，地下水位在 1.5 米以下；水电路配套，交通便利，建棚时材料运进和产品运出要方便。建棚前还要充分准备好材料，所有物资都要到位。

（四）大棚的规模与布局

1. 确定大棚方位

大棚的方位有东西向和南北向两种，即东西向大棚和南北向大棚。两种方位的大棚在采光、温度变化、避风雨等方面有不同的特点，一般来说，东西向大棚，棚内光照分布不均匀，畦北侧由于光照较弱，易形成弱光带，造成北侧棚豌豆生长发育不良。南北向大棚则相反，其透光量不仅比东西向多 5%～7%，且受光均匀，棚内白天温度变化也较平稳，易于调节，棚内豌豆枝蔓生长整齐。因此，通常采用南北向搭建，偏角最好为南偏西，大棚的长度控制在 100 米以内。

2. 合理布局

大棚的方位确定后，要考虑道路的设置、大棚门的位置和邻栋间隔距离等。场地道路应该便于产品的运输和机械通行，路宽最好能在 3 米以上。大棚最好在一条直线上，便于铺设道路。以邻栋互相不遮光和不影响通风为宜。一般从光线考虑，棚间东西距离不少于 2 米，南北距离不少于 5 米。

目前，生产上常用的塑料大棚面积为 0.5～1 亩，宽 6～8米，长 40～60 米，棚长则保湿性能好，适宜豌豆栽培。

大棚的长宽比对大棚的稳定性有一定的影响，相同的大棚面积，长宽比越大、周长越大，地面固定部分越多、稳定性越好。一般认为，长宽比大于或等于 5 较好。

棚体的高度要有利于操作管理，但也不宜过高，过高的棚体表面积大，不利于保温，也易遭风害，而且对拱架材质强度要求也高，提高了成本。一般简易大棚的高度以 2.2～2.8 米为宜。

棚顶应有较大的坡度，防止棚面积雪，减小大风受力，其高跨比一般为 1∶3。

（五）塑料大棚的建造

1. 拱圆形竹木结构塑料大棚的建造

拱圆形竹木结构塑料大棚一般有立柱 4～6 排，立柱纵向间隔 2～3 米，横向间隔 2 米，埋深 50 厘米。要建造一个面积为 1亩、跨度 10～12 米、长 50～60 米、矢高 2.0～2.5 米的竹木结构大棚，需准备直径 3～4 厘米的竹竿 120～130 根，5～6 厘米粗的竹竿或木制拉杆 80～100 根，2.6 米长的中柱 40 根左右，2.3 米长的腰柱 40 根左右，1.9 米长的边柱 40 根左右，中柱、腰柱和边柱顶端要穿孔，以便固定拉杆。还要准备 8 号铁丝 50～60 千克，塑料薄膜 130～150 千克。

确定好大棚的位置后，按要求划出大棚边线，标出南北两头

4～6根立柱的位置，再从南到北拉4～6条直线，沿直线每隔2～3米设1根立柱。立柱位置确定后，开始挖坑埋柱，立柱埋深50厘米，下面垫砖以防下陷，埋上要踏实。埋立柱时，要求顶部高度一致，南、北向立柱在一条直线上。

立柱埋好后即可固定拉杆，拉杆可用直径5～6厘米粗的竹竿或木杆，用铁丝沿大棚纵向固定在中柱、腰柱和边柱的顶部。固定拉杆前，应将竹竿烤直，去掉毛刺，竹竿大头朝一个方向。

拉杆装好后再上拱杆，拱杆是支撑塑料薄膜的骨架，沿大棚横向固定在立柱或拉杆上，呈自然拱形，每条拱杆用2根，在小头处连接，大头插入土中，深埋30～50厘米，必要时两端加"横木"固定，以防拱杆弹起。若拱杆长度不够，则可在棚两侧接上细毛竹弯成拱形插入地下。拱杆的接头处均应用废塑料薄膜包好，以防止磨坏棚膜，大棚拱杆一般每2根间隔1.0～1.5米。

扎好骨架后，在大棚四周挖一条20厘米宽的小沟，用于压埋棚膜的四边。在采用压膜线压膜时，应在埋薄膜沟的外侧设置地锚。地锚可用30～40厘米见方的石块或砖块，埋入地下30～40厘米，上用8号铁丝做个套，露出地面。

上述工作做完后，即可扣塑料薄膜，扣膜应选在无风的天气进行。选用厚度为0.08毫米的聚氯乙烯无滴膜，增强透光性，增加光能利用率，秋冬季豌豆也可用聚乙烯薄膜或用过一次的旧薄膜。根据大棚的长度和宽度，购买整块薄膜。一般两侧围裙用的薄膜宽0.8～1.0米，选用上季或上年用的旧薄膜。扣膜时，顶部薄膜压在两侧棚膜之上，膜连接处应重叠20～30厘米，以便于排水和保温。扣棚膜时要绷紧，以防积水。

棚膜扣好后，用压杆将薄膜固定好。压杆一般选用直径3～4厘米粗的竹竿，压在两道拱杆之间，用铁丝固定在拉杆上。有的地方不用压杆，而是用8号铁丝或压膜线，两端拉紧后固定在地锚上。

大棚建造的最后一道工序是开门、开天窗和边窗。为了进棚操作，在大棚南北两端各设一个门，也可只在南端设一个门。门高 1.5～1.8 米，宽 80 厘米左右。大棚北端的门最好有 3 道屏障，最里面一层为木门，中间挂一草苫，外侧为塑料薄膜，这样有利于防寒保温。为了便于放风，可把大棚两端的门（做成活门）取下横放在门口，或在薄膜连接处扒开进行通风。拱圆形大棚结构见图 4－1。

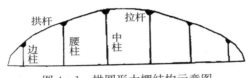

图 4－1　拱圆形大棚结构示意图

2. 竹木水泥混合拱圆形大棚的建造

这种大棚的建造方法与竹木结构大棚的建造方法基本一致。但所插立柱是用水泥预制成的。立柱的规格：断面可以为 7 厘米×7 厘米或 8 厘米×8 厘米或 8 厘米×10 厘米，长度按标准要求，中间用钢筋加固。每根立柱的顶端制成凹形，以便安放拱杆，离顶端 5～30 厘米处分别留 2～3 个孔，以便固定拉杆和拱杆。一般每亩大棚需用水泥中柱、腰柱各 50～60 根。

（六）塑料大棚的覆盖材料

1. 农膜

农膜按加工的原料来分，有聚乙烯（PE）膜、聚氯乙烯（PVC）膜、乙烯-醋酸乙烯（EVA）膜等。其中，以 EVA 膜性能最好，而 PVC 膜性能最差。按其性能来分，有普通膜、防老化膜、无滴膜、双防膜、多功能转光膜、多功能膜、高保温膜等。

（1）棚膜。棚膜一般厚 0.07～0.10 毫米，幅宽 8～15 米。棚膜应该符合以下要求：透光率高；保温性强；抗张力、伸长率好，可塑性强；抗老化、抗污染力强；防水滴、防尘；价格合理，使用方便。浙江慈溪当地早春多阴雨、低温、寡照，宜选用多功能转光膜或多功能膜作为棚膜覆盖。现阶段最好的棚膜是EVA膜。此膜以乙烯-醋酸乙烯为原料，在添加防雾滴剂后，具有较好的流滴性和较长的无滴持效性。其优点如下：①保温性好。据浙江省农业农村厅测定，EVA膜夜间温度比多功能膜高1.4～1.8℃。②无滴性强。由于EVA树脂的结晶度较低，具有一定的极性，能增加膜内无滴剂的极容性和减缓迁移速率，有助于改善薄膜表面的无滴性和延长无滴持效性。③透光率高。据测试，EVA膜透光率为84.1%～89.0%，覆盖7个月后仍有67.7%，而普通膜则由82.3%降至50.2%，多功能膜降至55.0%。EVA膜的高透光率还表现在增温速度快，有利于大棚作物的光合作用。④强度高，抗老化能力强。新膜韧性、强度高于多功能膜，断裂伸长率仍保持在新膜的95.0%左右，一般可用2年。

（2）地膜。国产地膜的原料为聚乙烯树脂，其产品分普通地膜和微薄地膜两种。普通地膜厚度0.014毫米，使用期一般在4个月以上，保温增温、保湿性较好。微薄地膜厚度为普通地膜的1/2，质轻，可降低生产成本。按颜色分，有黑色、银灰色、白色、绿色地膜，以及黑色与白色、黑色与银白色的双色地膜。早春、秋冬季应选择普通地膜，以利于增温，春、夏季露地可选择微薄地膜。

地膜的作用是提高地温，抑制杂草，抑制晚间土壤辐射降温，保持土壤湿度，改善作物底层光照，避免雨水对土壤的冲刷，使土壤中的肥料加速分解并避免淋失，有利于土壤理化性状改善和肥料的利用。在豌豆生产过程中覆盖地膜的另一个重要作用是使荚果成熟度一致，以利于统一上市，提高产量和效益。

2. 草帘

草帘由稻草、蒲草等编织而成，保温效果明显、取材容易、价格低廉。草帘多在较寒冷的季节或强寒潮天气，覆盖在大棚内小棚膜上或围盖在裙膜上作为增温的辅助材料。使用草帘时，一定要加强揭盖管理，当天气转暖或有太阳时，及时揭去草帘。早春或秋冬季草帘多在夜晚使用，白天一般都要揭帘，以增加棚内光照。

3. 聚乙烯高发泡软片

聚乙烯高发泡软片是白色多气泡的塑料软片，宽 1 米、厚 0.4～0.5 厘米，质轻能卷起，保温性与草帘相近。

第二节　深耕与整地

一、深耕

作物生长需要一定的耕作深度，农户常年用畜力步犁耕地，土地不平，耕作深度一般只有 12 厘米左右，而且不能很好地翻松土壤。用小四轮拖拉机带铧式犁或旋耕机进行浅翻、旋耕作业，土壤耕层只有 12～15 厘米，致使耕作层与心土层之间形成了一层坚硬、封闭的犁底层，长此以往，熟土层厚度减少，犁底层厚度增加，很难满足作物生长发育对土壤的要求，导致产量受到影响。另外，长期反复大量施用化肥和农药，微生物消耗土壤有机质，磷酸根离子形成难溶性磷酸盐，破坏了土壤团粒结构，土壤表层逐渐变得紧实。坚硬板结的土层阻碍了耕作层与心土层之间水、肥、气与热量的连通性，严重影响土壤水分下渗和透气性能，作物根系难以深扎，导致耕作层显著变浅，犁底层逐年增厚，耕地日趋板结，理化性状变劣，耕地地力下降，制约了产量的提高。

机械深耕是土壤耕作的重要内容之一，也是农业生产过程中经常采用的增产技术措施，目的是为作物的播种发芽、生长发育提供良好的土壤环境。首先，利用机械深松深翻，可以使耕作层疏松绵软、结构良好、活土层厚、平整肥沃，使固相、液相、气相比例相互协调，适应作物生长发育的要求。其次，可以创造一个良好的发芽种床或菌床。对旱作来说，要求播种部位的土壤比较紧实，以利于提墒，促进种子萌动；而覆盖种子的土层则要求松软，以利于透水透气，促进种子发芽出苗。最后，深耕可以清理田间残茬杂草，掩埋肥料，消灭寄生在土壤和残茬上的病虫害等。

深耕包括深翻耕作（即传统的深耕）和深松耕作。

深翻耕作是土壤耕作中最基本也是最重要的耕作措施之一，不仅对土壤的性质影响较大，同时作用范围广，作用持续时间也远比其他耕作措施长，而且其他耕作措施（如耙地等）都是在这一措施基础上进行的。深翻耕作具有翻土、松土、混土、碎土的作用。机械深翻耕作技术的实质是用机械实现翻土、松土和混土。

深松耕作是指超过一般耕作层厚度的松土。机械深松耕作技术的实质是通过大型拖拉机配挂深松机，或配挂带有深松部件的联合整地机等机具，松碎土壤而不翻土、不乱土层。通过深松土，可在保持原土层不乱的情况下，调节土壤三相比例，为作物生长发育创造适宜的土壤环境条件。机械深松整地作业是全方位或行间深层土壤耕作的机械化整地技术。这项耕作技术可以在不翻土、不打乱原有土层结构的情况下，通过机械达到疏松土壤、打破坚硬的犁底层、改善土壤耕层结构，增加土壤耕层深度，起到蓄水保墒、提高地温、促进土壤熟化、提升耕地地力的作用。同时，还能促进作物根系发育，增强其防倒伏和耐旱能力，为作物高产稳产奠定了一定的基础。

二、整地

（一）整地的增产效果

为获取豌豆的高产，提高经济效益，必须把土质瘠薄的斜坡地，整成土层深厚、上下两平、能排能灌的高产稳产农田。把跑水、跑土和跑肥的低洼田逐步改造成保水、保土和保肥的

"三保田"。

（二）整地的技术要求

1. 上下两平，不乱土层

为使新整农田当年创高产，在整地标准上，首先要求地上和地下达到"两平"。地上平是为了减少雨后径流，防止水土流失，有利于排灌，故应根据水源和排灌方向，保持一定的坡降比例，一般是梯田的纵向坡度为 $0.3\% \sim 0.5\%$，横向坡度为 $0.1\% \sim 0.2\%$。地下平是要求土层保持一定的厚度，不能一头厚、一头薄或一边深、一边浅。如果土层深浅不等，豌豆的生长就会不一致，达不到平衡增产的目的。一般土层深度要求保持在 50 厘米以上，先填生土，后垫熟土，使熟土层保持在 20~25 厘米为宜。或者采取"两生夹一熟"的办法，即在熟土上垫 3~5 厘米的生土进行浅耕混合，以促进生土熟化。

2. 增施肥料，灌水沉实

为促进土壤熟化，要结合冬春耕地，增施有机肥，重施氮、磷、钾化肥，特别是增施氮素化肥，对豌豆发苗增产有重要作用。一般每亩施土杂肥 27 500 千克、标准氮素化肥 30~40 千克、过磷酸钙 40~80 千克、硫酸钾 10~15 千克或草木灰 100~150 千克。据试验表明，每亩施 2 500 千克圈肥，再加施 15~20 千克标准氮素化肥、30~40 千克过磷酸钙、8~9 千克氯化钾，每亩产荚果 310.1~336.8 千克，比单施 2 500 千克圈肥多产 31.3~84.7 千克，增产率为 $10.2\% \sim 25.1\%$。

新整农田由于大起大落，土层悬空不沉实，没有形成上松下实的土层结构，气、水矛盾激化。有的在土层内还有许多暗坷垃，透风跑墒，播种的豌豆往往因底墒不足而落干吊死，造成缺苗断垄；或遇雨水过多，土壤蓄水过大，地温下降，造成芽涝；或土层塌陷，拉断根系，造成弱苗或死苗。因此，在整地后，应采取灌水沉实的办法，使上下悬空的土层上松下实，灌水要在冬季封冻前或早春解冻后进行，灌水过迟，会造成土壤黏实，地温回升慢，影响适期播种和正常出苗。灌水时要开沟、筑埂，以便于灌透、灌匀。灌水后及时整平地面，耙平耢细，以利于保墒防旱。灌水量不要过多，以润透土层为宜，以免造成土层板结，影响整地效果。

3. "三沟"配套，能排能灌

新整农田要建成高产稳产田，除结合水利配套设施，做好排灌系统外，还要抓好"三沟"配套，做到防冲防旱、能排能灌，使沟沟相连，彻底解决雨后"半边涝"和"旱天灌溉"问题。

第三节　种植方式和技术

一、我国南方地区豌豆高产高效栽培

（一）常规豌豆栽培方法

1. 播种育苗

豌豆较耐寒而不耐热，适时播种是夺取高产的关键。长江流域地区多为秋播，播种季节因地区而不同，长江中下游地区一般以 10 月下旬至 11 月上旬播种为宜，华南和西南地区南部在 9 月中下旬至 10 月中下旬均可播种。

播种量 80～120 千克/公顷。播种密度：矮生种穴播行距 30～40 厘米，穴距 15～20 厘米，每穴 4～5 粒种子，条播株距 5～8 厘米；蔓生种穴播行距 50～60 厘米，穴距 20～30 厘米，每穴 4～5 粒种子，条播株距 10～15 厘米，覆土 3～4 厘米。

播种前，精选粒大、饱满、整齐和无病虫害的种子，可直接播种，也可先进行低温春化处理。春化处理可以促进花芽分化，降低花序着生节位，提早开花，提早采收，增加产量。春化处理的方法：在播种前，先用 15℃ 温水浸种，水量为种子体积的 1/2，浸种 2 小时后，上下翻动 1 次，使种子充分湿润。种皮发胀后捞出，放在泥盆中催芽，每隔 2 小时用清水清洗 1 次，约经 20 小时，种子开始萌动，胚芽露出，然后在 2～4℃ 低温水中处理 12 天，便可取出播种。播种时最好采用根瘤菌拌种，可增产 24.1%～68.3%。

当株高为 25 厘米时，应搭棚，使其攀缘生长，也可播种于棉花行间，以棉花秸秆为攀缘物。可在春节前收割 1～2 次嫩头以供食用，采摘嫩头后，喷施适量尿素，不影响豌豆的产量。前茬选择棉秆作为支架，穴播于双行棉花的根旁，播量 45 千克/公顷，每穴 3～4 粒，密度 45 000～52 500 穴/公顷。

近年来，兴起了一种新型的利用地膜覆盖进行豌豆栽培的新方法。该方法在不改变原有种植密度的前提下，在播后苗前采用地膜对豌豆进行覆盖，由于地膜具有保水、控草、防病、促早熟等综合效果，一般亩产增加在 30% 以上，由于提早成熟，亩效益增加 50% 左右。

2. 整地施基肥

豌豆忌连作，须实行 3～4 年轮作。整地时，将土壤深耕深翻，充分晒垡风化，再细碎表土，开沟做畦，施足基肥，地力差的田块和生长期短的早熟品种，在基肥中应增施 10 千克尿素，以满足幼苗的生长需要。播前施基肥（N∶P∶K=15∶15∶15，三元复合肥或豆类专用配方肥）600 千克/公顷。进入分枝期后，追肥 1 次，可施尿素 225 千克/公顷。盛花结荚期开始采收青荚时，每隔 10 天施催荚肥或叶面喷施尿素 15 千克/公顷。

3. 田间管理

春播豌豆出苗后，宜浅松土数次，并堆灰或垫稻草护苗防冻，以提高地温促根生长，使叶片肥厚，同时清墒理沟，确保灌排畅通，多雨年份注意排水防涝。秋冬播种豌豆，越冬前须进行一次培土，以保温防冻，翌年春雨松土除草。

现蕾开花时，开始浇小水，干旱时可提前浇水。同时，结合浇水每亩追施速效氮肥 10 千克，加速营养生长，促进分枝，随后松土保墒，待基部类果已坐住，浇水量可稍大，并追施磷、钾肥。每亩可浇施或沟施 20～30 千克复合肥和过磷酸钙 10～15 千克。结荚期在叶面喷施 0.3％磷酸二氢钾，可增加花数、荚数和种子粒数，结荚盛期保持土壤湿润，促使荚果发育。待结荚数目稳定、植株生长减缓时，减少浇水量，防止植株倒伏。蔓生性豌豆和半蔓生性豌豆，株高 30 厘米左右需立支架，豌豆茎蔓嫩而密集，宜用矮棚或立架，保持田间通风透光，以利于爬蔓。

4. 采收留种

豌豆属于完全自花授粉作物。但豌豆仍有一定的天然杂交率，特别在炎热、干燥的条件下，雌雄蕊有可能露出花瓣外。所以，为保证品种纯度，应使不同品种间有 100～120 米的隔离空间。一般生产用种只要注意不同的种间适当隔离即可保留种性，紫花类型的异交率较高，因此在白花类型留种田中要特别注意拔除紫花豌豆。试验证明，豌豆中下部荚大及多粒、大粒型种子具有强遗传性。因此，留种应选具有本品种特征植株的中下部大荚的多粒类型品种。豌豆籽粒成熟时，绿熟期较黄熟期发芽率高、发芽势强，尤其含糖量高的皱粒型种子应在绿熟期采收。待后熟后收取种子，半个月内药物熏蒸保存，以防豌豆象危害。

（二）浙江北部地区豌豆栽培方法

浙江北部地区的豌豆栽培多以冬播、收获嫩荚为主，为延长豌豆的播种、采收季节，做到平衡上市，满足市场需求，推行多种种植模式发展豌豆生产。主要栽培模式如下。

秋播越冬栽培技术：在 10 月中下旬至 11 月上旬播种，翌年4 月上中旬收获。

春化处理促早秋播技术：7 月底至 8 月初，经过人工低温春化处理后，8 月中旬移栽入大田，9 月中下旬至 11 月初收获。

大棚春化促早栽培技术：8 月底至 9 月中下旬，经过人工低温春化处理后，9 月中下旬至 10 月中旬转入大棚内栽培，11 月中下旬至 12 月初收获。

间作套种技术：冬豌豆可与大白菜、芹菜间作，大棚春化豌豆可与秋冬季花生、草莓间作。冬豌豆可与水稻轮作，大棚豌豆可与大棚西瓜轮作。

1. 豌豆秋播越冬栽培技术

（1）品种选择。一般在 10 月 25 日前后播种，豌豆播种出苗后即进入冬季低温时期，苗期有 2 个多月的缓慢生长期。应选择冬性较强的品种，保证苗期有较强的抗冻性，越冬后幼苗的恢复力较强，宜选择浙豌 1 号等蔓生性豌豆品种。

（2）整地。豌豆忌连作，需实行 3～4 年轮作。整地前施足基肥，可使豌豆生长健旺，开花结荚多。每亩施农家肥 2～4 吨、过磷酸钙 20～30 千克、硫酸钾 7～10 千克。之后，根据前作和间作、套种情况进行翻耕或旋耕，开沟做畦、起垄，畦宽和沟深根据地块的给排水条件和间作、套种种植结构而定，一般沟深20～30 厘米、畦宽 1～3 米。

（3）种子精选及处理。精选无病斑、无破损、籽粒饱满的种子，播种前晒种 1～2 天。用钼酸铵和杀菌剂浸种或拌种。若购买种子公司生产包装的标准化包衣种子，则不需要进行种子处理。

（4）播种期及播种方法。浙江北部地区 10 月中下旬至 11 月上旬播种，若过早播种，植株过嫩易受寒害；若延迟播种，由于前期生育期短，影响豌豆产量和品质。

平畦穴播或条播，低湿地垄种。矮生种穴播，行距 25～40厘米，穴距 15～20 厘米，条播株距 5～8 厘米；半蔓生种穴播，行距 40～50 厘米，穴距 20 厘米左右；蔓生种穴播，行距 50～60 厘米，穴距 20～30 厘米，条播株距 10～15 厘米。生长旺盛和分枝多的品种，行距加宽到 70～90 厘米。干旱时开沟浇水播种，以保证发芽所需的水分。豌豆子叶不出土，可播深些，一般覆土 3～4 厘米。

（5）田间管理。苗期易生杂草，齐苗后应中耕 2～3 次。若基肥中氮素不足，到苗高 7～9 厘米时，可追施尿素 5 千克，促进幼苗健壮生长和根系扩大，早生大分枝，增加花数和提高结荚率。第二次中耕时进行培土，护根防寒，以利于幼苗安全越冬。早春返青后再中耕1~2次，并疏去生长不良或过密的幼苗。支架前进行最后一次中耕，同时浇水、追肥1次，每亩施三元含硫复合肥（N：P：K＝15：15：15）20~30千克、过磷酸钙10~15千克，冲施或沟施。坐荚后，每亩施尿素5~10千克，结荚期叶面喷施0.2%~0.3%磷酸二氢钾液或0.03%~0.05%硼酸液各1次。也可在开花前、采收前和采收期结合浇水各追施1次轻肥，施2次复合肥，每亩每次5~10千克，施1次尿素，每亩5.0~7.5千克。

苗期以中耕保墒为主，一般不浇水。抽蔓开花时开始浇水，干旱时可提前浇水。坐荚后1周左右浇1次水，以保持土壤湿润，浇2~3次水后即可采收。多雨时要注意排水防涝。

蔓生品种的茎不能直立，生长期间需要支架。蔓长30厘米左右或在抽蔓前支架，架须支牢固，防止中途倒塌。同行的架材间用铁丝或尼龙绳横绑连接，距地面30厘米处绑第一道，以后随茎蔓生长，每20厘米左右绑1道，共绑4道，拦住豌豆茎蔓并加固支架。也可支篱架，每15~17厘米横绑1道。如果种植过密或分枝过多，绑蔓时可适当疏枝。半蔓性品种仅需支较矮的简易篱架，只横绑1~2道。

（6）收获。软荚种在开花后12~15天、豆荚已充分长大、厚约0.5厘米、豆粒尚未发育时采收嫩荚。若采收过迟，籽粒膨大，豆荚老化，品质下降，而且易使植株早衰。可分3~4次收完。硬荚种在谢花后15~18天、荚色由深绿色变淡绿色、荚面露出网状纤维、豆粒明显鼓起而种皮尚未变硬时，采收豆荚，剥食豆粒。早收，品质虽佳，但产量低；迟收，豆粒中糖分和可溶性氮素减少，维生素C含量迅速下降，淀粉和蛋白质含量增多，豆粒的风味和品质变差。可分2~3次收完。采摘时要细心，以免折断花序和茎蔓。收下的产品放阴凉通风处，及时上市或加工，防止因受热而降低品质。干豆粒在开花后40~50天采收。

2. 豌豆春化处理促早秋播技术

（1）种子精选及处理。精选大小一致、豆粒大、无虫蛀、无病斑、无破损、籽粒饱满的种子，播种前晒种 1～2 天。用钼酸铵和杀菌剂浸种或拌种。购买种子公司生产包装的标准化包衣种子不需要进行种子处理。

（2）品种选择。在 7 月底至 8 月初进行春化处理，宜选择浙豌 2 号、中豌 6 号等适合当地栽培的矮生型豌豆品种。

（3）浸种催芽。常温下浸种 12 小时左右（根据室温高低不同而异，温度高则浸种时间短），选择浸泡充分的种子在 20℃光照培养箱内催芽，根据品种特性，一般在 7 天左右、当芽长到 1.5 厘米左右时，开始进行春化处理。

（4）春化处理。将豆芽在 2～4℃低温环境中进行 12 天左右处理，采用 16 小时光照、8 小时黑暗处理，保持湿润。将低温处理后的豆芽置于室温环境下炼芽 1～2 天。

（5）移栽。选择轮作 3 年以上没有种过豆科作物地块的大棚。移栽前半个月整地，每亩施农家肥 2～4 吨、过磷酸钙 20～30 千克、硫酸钾 7～10 千克，之后根据前作和间作、套种情况进行翻耕或旋耕，开沟做畦、起垄，畦宽和沟深根据地块的给排水条件和间作、套种种植结构而定。秋季土壤干燥，及时灌水，保持土壤湿润。同时，在行间播种备苗，以防缺苗。

其他管理及采收见秋播越冬播种栽培技术。

3. 豌豆大棚春化促早栽培技术

（1）种子精选及处理。精选大小一致、豆粒大、无虫蛀、无病斑、无破损、籽粒饱满的种子，播种前晒种 1～2 天。用钼酸铵和杀菌剂浸种或拌种。若购买种子公司生产包装的标准化包衣种子，则不需要进行种子处理。

（2）品种选择。在 9 月上旬至 10 月上旬进行春化处理，宜选择中豌 6 号系列及浙豌 2 号等适合当地栽培的矮生型、半蔓生型豌豆品种。

（3）浸种催芽。常温下浸种 24 小时左右（根据室温高低不同而异，若温度高则浸种时间短），选择浸泡充分的种子在 20℃光照培养箱内催芽。根据品种特性，一般在 7 天左右、当芽长到 1.5 厘米左右时，开始进行春化处理。

（4）春化处理。将豆芽置于 2～4℃低温环境中进行 12 天左右处理，采用 16 小时光照、8 小时黑暗处理，保持湿润。将低温处理后的豆芽置于室温环境炼芽 1～2 天。

（5）移栽。选择轮作 3 年以上没有种过豆科作物地块的大棚。移栽前半个月整地，每亩施农家肥 2～4 吨、过磷酸钙 20～30 千克、硫酸钾 7～10 千克。之后，根据前作和间作、套种情况进行翻耕或旋耕，开沟做畦、起垄，畦宽和沟深根据地块的给排水条件和间作、套种种植结构而定。秋季土壤干燥，及时灌水，保持土壤湿润，直至幼苗出土。同时，在行间播种备苗，以防缺苗。

（6）管理。

①大棚盖膜。开花结荚期最适温度为 16～22℃。豌豆经过春化处理后，抗低温能力减弱，开花结荚期注意防冻。11 月中旬，昼夜温差大，当最低气温低于 12℃时，大棚内先搭建内棚，覆盖内棚膜，昼揭夜盖，防止夜间"暗霜"；12 月上旬，当最低气温降低到 1～2℃或 0℃时，及时覆盖大棚膜，围上裙膜，关棚保温，保持棚内温度在 15℃以上，确保豌豆荚膨大，防止"僵荚"而降低产量；中午前后 3 小时棚温升高时，开棚通风；翌年 3 月，最低温度超过 10℃时，逐步拆除内棚膜、裙膜通风；当最高温度超过 30℃时，及时开棚通风降温，防止高温逼熟、植株早衰。

②及时灌水。豌豆荚膨大期，急需水分供应，根据土壤墒情，用膜下滴灌进行灌水，可经常保持土壤湿润状态，促使豌豆荚膨大。

③采摘。12 月上中旬至翌年 1 月上中旬可采摘上市。当软

荚种豆荚已充分长大、厚约0.5厘米、豆粒尚未发育时，采收嫩荚。当硬荚种荚色由深绿色变淡绿色、荚面露出网状纤维、豆粒明显鼓起而种皮尚未变硬时，及时采收。可分2～3次收完，4月初前采收完毕。

4. 豌豆、水稻轮作模式

（1）水稻种植。

①精选种子，严格消毒。一是播前先晒种、选种，提高种子发芽率。二是做好种子消毒处理，可用80％乙蒜素抗菌剂1 500倍液间歇浸种48～72小时，防止恶苗病发生；浸种后，再用35％丁硫克百威拌种剂8克＋25％吡蚜酮可湿性粉剂8克拌种1.0千克，减轻稻蓟马、灰飞虱危害。

②适时播种，培育壮秧。手插、抛秧和机插栽培。3月下旬至4月初播种，采用叠盘出苗育秧技术。直播应掌握在日平均气温稳定在13℃以上时播种。手插、机插栽培每亩播种量在15千克左右；抛栽每亩播种量在6千克左右。秧苗移栽前2～3天每亩用20％氯虫苯甲酰胺悬浮剂10克＋75％三环唑粉剂30克＋10％吡虫啉可湿性粉剂30克兑水30千克均匀喷雾，实现带药下田，预防稻瘟病，减轻二化螟、灰飞虱的发生。

③合理密植，适龄移栽。秧龄控制在30天内，移栽叶龄4～5叶。手插栽培行株距20.0厘米×（15.0～16.7）厘米，机插栽培30.0厘米×12.0厘米，栽插亩基本苗控制在10.0万株左右，抛秧栽培每亩密度确保在2.5万株以上。

④科学施肥，合理灌水。早稻生育期短，施肥应做到基肥足、追肥早，配施磷、钾肥，以达到前期促蘖争大穗，后期看苗补施穗肥，确保青秆黄熟。基肥：每亩施46％复合肥（N：P：K＝24：6：16）35千克。分蘖肥：尿素10～12千克、氯化钾7千克。穗肥：根据苗情，每亩施尿素3～5千克、氯化钾2千克。水分管理应遵循"深水返青，浅水分蘖，适时晒田，有水抽穗，干湿壮籽"的原则，后期忌断水过早。

⑤病虫害综合防治。重点做好水稻"三虫三病"的防治，即稻纵卷叶螟、稻螟虫、稻飞虱、纹枯病、稻瘟病和白叶枯病。一般防治3次：第一次于分蘖期（5月上旬）每亩喷施20%氯虫苯甲酰胺（康宽）悬浮剂10毫升＋10%吡虫啉可湿性粉剂10克＋3.5%阿维菌素40毫升，主治早稻一代二化螟；第二次于孕穗期（5月下旬）每亩喷施24%噻呋酰胺悬浮剂20毫升＋75%三环唑粉剂20克＋50%吡蚜酮可湿性粉剂20克＋3.5%阿维菌素40毫升，主要防治稻纵卷叶螟、纹枯病、稻瘟病、稻飞虱；第三次于破口抽穗期（6月中旬）每亩喷施24%噻呋酰胺悬浮剂20毫升＋75%三环唑粉剂20克＋50%吡蚜酮可湿性粉剂20克＋5%阿维菌素乳油20毫升＋30%稻瘟灵乳油50毫升，主要防治稻纵卷叶螟、纹枯病、稻瘟病、稻飞虱。

（2）豌豆种植。

①整地、播种。在早稻收获后，对土地进行晒垡，后用拖拉机深耕30厘米每亩施入30千克的复合肥料。每亩施用15～20千克磷肥和混有基肥的农家肥，要求覆盖均匀，有助于出芽。出芽后，依据苗情重视施肥和根外上肥（叶面肥）。开花结荚期每亩可施尿素10～15千克。花荚肥应在花期和结荚期施用，每亩施锌钾肥40千克。

南方冬播，播种期为9月上旬；种植密度应根据土壤肥力和品种特性而定。一般肥地，每亩播种量12.5～15千克，株距15～20厘米，行距25～35厘米，每穴种子4～5粒，覆土3～5厘米。播前晒种1～2天，有利于出苗整齐。

②田间管理。加强田间管理尤为重要，当水肥供应良好时，结荚多、籽粒饱满、产量高。如发现地瘦苗黄，应及时追施氮肥，每亩施尿素5千克，施肥后立即灌水，然后松土保墒，氮肥不宜施得过多、过晚，以免茎叶徒长而荚果不饱满。开花结荚期喷施磷肥，特别是喷施硼、锰、钼等微量元素肥料，增产效果显著。开花结荚期每隔10～15天灌水1次，初花期、结荚始期和

灌浆成熟初期这 3 个时期灌水的增产效益最显著，但多雨地区应注意排水。从苗期至封行前锄草 2～3 次。

③病虫害防治。豌豆主要病害有白粉病和褐斑病。白粉病的防治方法是在发病初期用 50%硫菌灵可湿性粉剂 800～1 000 倍液或粉锈灵、百菌清等喷雾，每隔 7～10 天喷 1 次。在褐斑病发病初期，喷洒波尔多液（硫酸铜：生石灰：水＝1：2：200），每隔 10～15 天喷 1 次。豌豆主要虫害有潜叶蝇和豌豆象。潜叶蝇从苗期开始防治，喷施斑潜净，每隔 7～10 天喷施 1 次；豌豆象的防治方法除开花期喷施辛硫磷外，还可在收获后及时用磷化铝熏蒸。

5. 豌豆、西瓜轮作模式

（1）西瓜种植。

①育苗。3 月上中旬进行西瓜育苗。用 50～55℃的温水浸种 10 分钟，随后使水温自然降至 30℃继续浸泡 4 小时，然后将种子放入 25～30℃的种子发芽箱中催芽，待胚根长至 1 厘米长时进行播种。

②移栽。选择土壤肥料均匀、地势高燥的地块，深旋土至 30 厘米以下，开沟播种；施基肥后翻耕整平，开沟播种。西瓜定植前大棚内土壤全面消毒，每亩用 50%多菌灵可湿性粉剂 1 千克加 15 千克石灰粉撒于床面；筑深沟高畦，畦宽 2.67 米；每亩施瓜类专用复合肥（N：P：K＝18：7：19）30 千克、腐熟有机肥 300 千克作基肥；膨瓜期叶面追肥，每亩施瓜类专用复合肥（N：P：K＝18：7：19）10 千克。

4 月初至 4 月中旬，在瓜苗长至二叶至二叶一心期时，将西瓜幼苗移栽定植于大田，株距 50 厘米左右，行距 2～2.4 米，每亩密度在 500 株左右。西瓜定植后在膨瓜期每亩用 0.5%磷酸二氢钾 30～50 千克进行叶面追肥，并对西瓜植株进行及时整枝。

③病虫害防治。

A. 西瓜猝倒病。当苗床发现病株时，要及时拔除，可用

64％恶霜·锰锌可湿性粉剂 500 倍液或 25％甲霜灵可湿性粉剂 800～900 倍液、50％多菌灵可湿性粉剂 500 倍液喷雾。施药后注意提高苗床温度，降低湿度。

B. 西瓜炭疽病。在发病初期及时用药，可取得较好的防治效果。可选用 70％甲基硫菌灵可湿性粉剂 600 倍液或 20％丙硫多菌灵悬浮剂 3 000 倍液、75％百菌清可湿性粉剂 200 克/亩、80％福·福锌可湿性粉剂 800 倍液、70％代森锰锌可湿性粉剂 500 倍液、80％代森锰锌可湿性粉剂 400～600 倍液、2％抗霉菌素 120 水剂 400～600 倍液、25％嘧菌酯悬浮剂 1 500 倍液、25％溴菌腈可湿性粉剂 400～600 倍液喷雾。每隔 5～7 天喷药 1 次，连喷 2～3 次。要求农药交替使用，避免病菌产生抗药性。

C. 西瓜枯萎病。坐果初期发病，开始喷洒 50％苯菌灵可湿性粉剂 800～1 000 倍液或 20％甲基立枯磷乳油 900～1 000 倍液、50％多菌灵可湿性粉剂 1 000 倍液＋15％三唑酮可湿性粉剂 4 000 倍液等。喷药须在晴天下午进行。在细胞分裂素中加入 0.2％的磷酸二氢钾 10 克、水 10～15 千克，增产防病效果更好。

D. 西瓜立枯病。发病初期可用 64％恶霜·锰锌可湿性粉剂 500 倍液或 58％甲霜·锰锌可湿性粉剂 500 倍液、20％甲基立枯磷乳油 1 200 倍液、72.2％霜霉威盐酸盐水剂 800 倍液喷雾，每隔 7～10 天喷 1 次。

E. 西瓜蔓枯病。发病初期应立即喷药防治，可喷 70％代森锰锌可湿性粉剂 500～600 倍液或 75％百菌清可湿性粉剂 500～700 倍液、60％甲基硫菌灵可湿性粉剂 600～800 倍液、50％多霉灵可湿性粉剂 500～700 倍液，每隔 7 天喷 1 次。如病情发展较快，也可每隔 3～4 天喷 1 次药。

F. 西瓜疫病。在病害即将发生时，可施用化学药剂灌根或喷雾；可用 58％甲霜·锰锌可湿性粉剂 500～600 倍液或 72％霜霉威盐酸盐水剂 800 倍液、64％恶霜·锰锌可湿性粉剂 400～500 倍液、24％精甲霜灵·烯酰吗啉可湿性粉剂 1 000 倍液、

40％三乙膦酸铝可湿性粉剂 300 倍液、75％百菌清可湿性粉剂 600～800 倍液等喷雾。每隔 7～10 天喷 1 次，一旦发生病害，每隔 5 天喷 1 次或灌根。

G. 小地老虎。用 90％敌百虫晶体 0.25 千克，加水 45 升，喷在 20 千克炒过的棉仁饼上，做成毒饵，傍晚撒在幼苗周围，每亩用毒饵约 20 千克；或将 90％敌百虫晶体 0.03 千克溶解在 0.2～0.3 千克水中，喷在 45 千克菜叶或鲜草上，于傍晚撒在田间诱杀，每亩用 7.5～10 千克，严重时每隔 2～3 天再用 1 次，防治效果较好。

H. 黄守瓜。西瓜对许多药剂敏感，易发生药害，尤其苗期抗药力不强，用药须慎重。可用农地乐、鱼藤精喷雾。成虫期用 40％氰戊菊酯乳油 4 000 倍液或 21％氰戊·马拉硫磷乳油 4 000 倍液灌根；幼虫期用 90％敌百虫晶体 1 000～2 000 倍液灌根。

I. 蚜虫。按 1∶15 的比例配制烟叶水，炮制 4 小时后喷洒；可用 10％蚍虫啉可湿性粉剂 2 500 倍液或 2.5％三氟氯氰菊酯乳油 4 000 倍液、25％抗蚜威水分散粒剂 3 000 倍液喷雾。

J. 蝼蛄。药量为饵料的 0.5％～1％，先将饵料（麦麸、豆饼、秕谷、棉籽饼或玉米碎粒等）炒香，用 90％敌百虫晶体 30 倍液拌匀，加水拌潮为度；每亩用毒饵 2 千克左右，傍晚放入苗床或瓜田。

④适时采收。一般在 7 月上中旬进行及时采收。

（2）豌豆种植。豌豆种植技术参照豌豆、水稻轮作模式。

6. 大棚豌豆、大棚西瓜轮作模式

大棚西瓜一般在 12 月中下旬育苗，翌年 1 月中下旬将西瓜幼苗进行移栽定植。在定植前，对西瓜地进行深翻并施用基肥，定植后在西瓜膨瓜期进行叶面追肥。对西瓜植株进行整枝，西瓜生长期间做好病虫害防治，并在 5 月中旬进行第一次采收。第一次采收后进行叶面追肥，每亩用 0.5％的磷酸二氢钾 30～50 千克。第二次采收一般在 7 月 10 日前结束。

　　大棚豌豆一般在 10 月中旬播种，翌年 1 月上中旬收获。

　　豌豆、西瓜种子处理及种植方法和施肥、病虫害防治参照露地豌豆、西瓜轮作方法。

二、我国北方地区豌豆高产高效栽培

　　在北方地区，豌豆的栽培方式有露地栽培和设施栽培。露地栽培分为春秋两季栽培，因豌豆的耐寒性较强，一般土壤化冻后即可播种，秋季栽培面积相对较小；设施栽培的季节较长，从秋末到春初，有早春茬栽培、秋延后栽培、深冬栽培和冬春茬栽培。栽培形式也多种多样，有改良阳畦栽培、小拱棚栽培、大棚栽培、简易日光温室栽培和日光温室栽培等。其播种时期与茬口安排因栽培方式不同、品种不同而异。

（一）露地栽培

1. 春季露地栽培

　　（1）适时播种。豌豆喜冷凉湿润气候，不耐干旱高温，所以各地应在不受冻的前提下适期早播。一般当土壤解冻 6 厘米时即可播种。北京、天津地区一般于 3 月中旬播种，河北南部、河南和山东等地区 3 月上旬播种。适当早播，可促进根系发育，植株健壮，并增加花数和分枝；若过晚播种，不但采收晚，而且节间长、荚稀、结荚数少。若采用地膜覆盖，还可提前 5～6 天播种。

　　（2）整地施肥。豌豆最好实施 2～3 年的轮作。早春播种时，应在第一年冬天深耕并灌冬水，第二年春天每亩施有机肥 2 500～3 000 千克、过磷酸钙 20～25 千克、草木灰 100 千克。翻地耙平，一般作平畦，畦的大小、宽窄依品种而定。如未灌冬水，翌年 2 月底一定要浇水后播种。

　　（3）播种方式及密度。早春栽培一般采用干籽直播。为提早开花，增加分枝，可进行种子处理。处理方法如下：先在室温下浸种 2 小时，待种子吸足水分后，置于温暖的地方催芽；待种子露白后，再置于 0～2℃低温条件下处理 5～7 天，取出种子进行播种。

一般春季生长期短，密度可大些；矮生品种的密度应大于蔓生品种。点播时蔓生种行距 40 厘米，株距 10～15 厘米，每穴 2～3 粒种子；矮生种行距 30 厘米，每公顷播种 120～150 千克。播后覆土 3～4 厘米。入冬前已灌水，则播种前不必润畦，播种后踏实保墒。

（4）田间管理。

①中耕除草。齐苗后及时中耕松土，以提高地温。现蕾前再中耕 1 次，并适当培土。中耕时植株根部要浅，行间、穴间应深些。开花或抽蔓后不再中耕，但要注意除草。

②及时插架。对于半蔓生品种和蔓生品种，当植株长到 30 厘米时，要及时插架，防止倒伏，增加通风透光性。

③肥水管理。豌豆的水分管理原则也是"浇荚不浇花"。如土壤不旱，豆荚发育前一般不浇水，进行中耕蹲苗。当干旱时，可在现蕾开花前浇 1 次小水，每亩施入过磷酸钙 10～15 千克、草木灰 100 千克。当小荚坐住后，浇 1 次大水，随水每亩施入尿素 10～15 千克。整个结荚期要保持土壤湿润，需浇水 2～3 次。

（5）适时采收。采收嫩荚的，在谢花后 8～10 天豆荚停止发育、开始鼓粒时采收；食用豆粒的，应在豆荚充分膨大而未开始变干之前收获。

2. 秋季露地栽培

（1）种子处理。秋季种植和春季种植有很大不同，必须经过特殊处理，完成种子的春化阶段及前期苗安全越夏。处理方法如下：播种前浸种 20 小时，沥干后放入 0～5℃的低温环境中，2 小时翻 1 次，10 天后种子即可通过春化阶段。

（2）整地播种。播种时间一般在 7 月底至 8 月初。如前茬未拉秧，可摘除下部老叶，在其株间挖穴直播，播种深度在 4 厘左右。播种时不翻地施基肥，前茬拉秧后，在行内开沟补施基肥，并深锄 1 遍；也可先在其他地块育苗，待前茬拉秧后整地，每亩施有机肥 2 500～3 000 千克、过磷酸钙 20～25 千克。秋季露地栽培生长期较短，播种密度应比春季加大。

（3）田间管理。秋季露地栽培豌豆，其田间管理重在前期。播种时白天温度还很高，所以播种或育苗时可采用遮阳网浮动覆盖，以遮阳降温、增加湿度，有利于出苗。雨后应及时排水，待最高气温低于 25℃时撤掉遮阳网。

秋豌豆因前期温度较高，植株易徒长，所以现蕾前更应严格控制肥、水，并应加强中耕培土，勤锄、深锄，一般每隔 7～10 天锄地培土 1 次。结荚后开始浇水、施肥，每隔 10～15 天进行 1 次。10 月中旬以后，气温降低，应停止施肥、浇水。其余管理同春季栽培。

（二）塑料大棚栽培

近年来，北方地区设施栽培豌豆特别是荷兰豆，已有一定面积。一方面，可以提早或延后上市；另一方面，在设施栽培条件下更适合其生长发育，豆荚更鲜嫩脆甜、品质好，收获期延长，产量也高。

1. 春早熟栽培

塑料大棚春早熟栽培一般选用蔓生品种或半蔓生品种，有时也栽培甜豌豆。以抗病、优质、丰产品种为首选，同时配合不同熟性的品种，以便分期分批采收上市。

（1）培育壮苗。早春温度低，大棚一般在 2 月中下旬适合豌豆生长。因此，为提早采收上市，可采用在加温温室或节能型日光温室中提前育苗的方法，待塑料大棚中的温度适宜时再定植。

播种时期，早春育苗的，苗龄需 30～35 天，当幼苗具有 4～6 片真叶时定植。豌豆的根再生能力较弱，不易发新根，而且随着苗龄增大，再生能力减弱。所以，根据苗龄和定植期来推算，育苗时间大约在 1 月上中旬。

育苗方法：可采用塑料钵育苗，也可采用营养土方育苗。营养土的配制方法为将腐熟马粪、鲜牛粪、园土、锯末或炉灰按

3∶2∶2∶3的比例混匀，每1 000千克再加入硝酸铵0.5千克、过磷酸钙10千克、草木灰15～29千克。将营养土装入营养钵或铺在苗床上，播种前打足底水，苗床按10厘米×10厘米见方划格做成土方。一般采用干籽直播，在塑料钵或营养土方中间挖孔播种，每孔3～4粒，播后覆盖3厘米的细土保墒。为提高地温、有利于出苗，播种后苗床再覆盖塑料薄膜。

苗期管理：播种后正值最寒冷的季节，苗期管理应重在防寒保温。以10～18℃最适于出苗，低于5℃时出苗缓慢且不整齐，高于25℃则发芽太快，苗瘦弱。出苗后适当降温，白天保持在10℃左右即可。2片真叶后，提高温度至白天10～15℃、夜间在5℃以上即可。定植前1周降温炼苗，以夜间不低于2℃为宜。

苗期一般不浇水，也不间苗、中耕。但温室前后排的苗要倒换位置1～2次，即前排倒到后排、后排倒到前排，以使苗生长一致。

（2）定植。

①整地、施肥、扣棚、做畦。春大棚栽培一般应在秋冬茬收获后深翻，每亩施入有机肥2 500千克、过磷酸钙30千克、草木灰50千克、硝酸铵15千克。一般作成宽80厘米的畦，中间栽1行，或1.2米宽的畦栽2行，穴距以15～20厘米为宜。

②定植。当棚内最低气温在4℃左右时，即可定植。先按行距开沟灌水，再按株距放苗，水渗下后封沟。也可开沟后先放苗，覆土后灌明水或按穴浇水。早春温度低，灌水不要太大。为提高棚温，定植后可加盖小拱棚或两层保温膜。

（3）定植后的管理。

①开花前的管理。定植后一般密闭大棚，当棚内温度超过25℃时，中午可进行短时间通风以适当降温。缓苗后可加大通风，使棚内温度保持在白天15～22℃、夜间10～15℃为宜。如定植水充足，定植后至现蕾前一般不需浇水施肥。比较干旱时，可适当浇小水。缓苗后及时中耕培土，适当进行蹲苗。直至现蕾

前结束蹲苗，其间中耕培土 2～3 次。现蕾后浇头水，并随水施入稀粪、麻酱渣等有机肥。蔓生品种浇水后，要及时插架引蔓。

②开花结荚期的管理。进入开花期应控制浇水，以免落花。待初花结荚后，开始浇水施肥，促进荚果膨大。之后每隔 10～15 天浇水、施肥 1 次。进入结荚期，气温逐渐升高，要注意通风换气降温，保持白天 15～20℃、夜间 12～15℃。当白天气温在 15℃ 以上时，可放底风；当夜间最低气温不低于 15℃ 时，可昼夜放风。当气温再高时，可去掉大棚四周薄膜，但不可去掉顶棚，否则处于露地条件下，植株迅速衰老，豆荚品质下降。

③其他管理。蔓生品种和半蔓生品种均需搭架，并需人工绑蔓、引蔓。发现侧枝过多，可适当打掉一些，以防止营养过旺。而对于分枝能力弱的品种，可在适当高度打掉顶端生长点，促进侧枝萌发。

（4）采收。食荚品种在开花后 8～10 天即可采收嫩荚，也可根据市场情况适当提前或延后。

2. 秋延后栽培

大棚豌豆秋延后栽培是利用豌豆幼苗适应性强的特点，在夏秋播种育苗，生长中后期加以保护，使采收期延长到深秋的栽培方式。

（1）栽培时期。华北地区一般 7 月开始直播或育苗，9 月开始采收，11 月上中旬拉秧。秋延后栽培也以蔓生品种和半蔓生品种为主，根据前茬作物拉秧早晚，选择不同熟性的品种。

（2）直播方法及苗期管理。

①施肥、做畦。当前茬作物拉秧早时，每亩施入有机肥5 000 千克，后深翻、做畦。将分枝多的蔓生种作成 1.5 米宽的畦，播 1 行；分枝弱的半蔓生种作成 1 米宽的畦，播 1 行。播种时，每亩沟施过磷酸钙 10 千克。当前茬作物拉秧较晚时，可在其行间就地直播，前茬拉秧后再开沟补施基肥。

②种子处理及播种密度。夏季高温期播种的，一般花芽分化

节位较高，所以常采用种子处理方法来促使提早进行花芽分化，降低节位（种子处理方法见秋季露地栽培）。直播时应先浇水，待湿度适宜时播种。穴距20～30厘米，每穴3～4粒种子。也可采用条播，但应控制好播种量，防止过密。

③播后管理。播种时，大棚只保留顶膜防雨。出苗后立即中耕，促进根系生长，并严格控制肥、水。整个苗期一般要中耕培土2～3次，进行适当蹲苗。植株开始现蕾时，进行浇水管理。

（3）育苗方法及苗期管理。前茬拉秧较晚时，可采取育苗移栽的方法，通常在7月中下旬育苗。选择通风排水良好的地块做成苗床，浇足底水，施足底肥，一般苗期不再浇水施肥。按10厘米×10厘米的穴距进行播种，每穴3～4粒种子。为遮光降温、防止雨淋，应搭设遮阳棚。8月定植，苗期20～25天。

（4）田间管理。定植后2～3天浇缓苗水，然后中耕蹲苗，之后管理与直播相同。现蕾时浇1次水，每亩施入硫酸铵15千克，中耕培土并及时插架。当部分幼荚坐住并伸长时，开始加强肥水管理，每隔7～10天浇水1次，每隔1天追施稀粪或化肥1次。10月上旬后，减少浇水并停止施肥。

大棚的温度管理，前期以降温为主。9月中旬以后，当夜间温度降到15℃以下时，可缩小通风口，并不再放夜风，白天温度超过25℃才放风。10月中旬以后，只在中午进行适当放风。当气温降到10℃以下时，不再放风。早霜来临后，应加强防寒保温，大棚四周围上草帘等，尽量延长豌豆的生长期和采收期。

（5）采收。前期温度较高，应适当早采收，促进其余花坐荚及小荚发育；后期温度低，豆荚生长慢，应适当晚采收，市场价格更好。

（三）日光温室栽培

1. 早春茬栽培

（1）播种期的确定。日光温室早春茬栽培豌豆的供应期应在大棚春早熟之前。所以，播种期的确定应根据供应期、所用品种的嫩荚采收期长短来推算，当然也要视前茬作物拉秧早晚而定。前茬一般为秋冬茬茄果类、瓜类或其他蔬菜，拉秧时间在 12 月上中旬至翌年 2 月初，那么，日光温室早春茬的播种期应在 11 月中旬至 12 月下旬。12 月下旬至翌年 2 月上旬定植，收获期则在 2 月初至 4 月下旬。因苗期正处于最寒冷季节，育苗应在加温温室或日光温室加多层覆盖条件下进行。

（2）育苗及苗期管理。育苗方法基本同塑料大棚春季早熟栽培，采用塑料钵或营养土育苗，每钵 2～4 粒种子。4～6 天后出苗，每穴留 2 株。培育适龄壮苗是栽培成功的重要环节之一，若苗龄过小，会影响早熟；若苗龄过大，植株容易早衰或倒伏，从而影响产量。适龄壮苗的标准是 4～6 片真叶、茎粗节短、无倒伏现象。苗龄一般为 25～30 天。

（3）定植。

①整地施肥。温室栽培植株高大，根系分布较深，应深翻 25 厘米以上。每亩施入优质农家肥 5 000 千克、过磷酸钙 50 千克、草木灰 50 千克。混匀耙平之后作成 1 米宽的畦，栽 1 行，或作成 1.5 米宽的畦，栽 2 行。

②定植方法。营养土方育苗时，应在定植前 3～5 天起坨屯苗。塑料钵育苗时，可随栽随将苗子倒出。定植时，先在畦内开 12～14 厘米深的沟，边浇水边将带坨的苗栽入沟内，水渗下后封沟覆土、耙平畦面。一般单行定植时，穴距 15～20 厘米；双行定植时，穴距 20～25 厘米。

（4）定植后的管理。

①温度管理。缓苗期间温度应略高，从定植至现蕾开花前，白天温度保持在 20℃左右，超过 25℃开始放风。夜间温度保持在 10℃以上即可。进入结荚期，以白天温度 15～18℃、夜间温度 12～16℃为宜。随着外界温度的升高，主要掌握放风的时间和放风量的大小，维持正常的温度。

②肥水管理。定植时浇足底水，现蕾前一般不再浇水，靠中

耕培土来保墒。现蕾后浇 1 次水，并每亩施入复合肥 15～20 千克，然后进行浅中耕。开花期控制浇水，第一批荚坐住并开始伸长时肥水齐放。结荚盛期一般每隔 10～15 天浇 1 次肥水，每次每亩施入复合肥 15～20 千克。直到拉秧前 15 天停止施肥，拉秧前 7 天停止浇水。

另外，在苗期、初花期、盛花期、初采期各叶喷 1 次 0.2% 磷酸二氢钾和 0.3% 钼酸铵混合液。蔓生品种在蔓长 20～30 厘米时及时插架，并绑缚引蔓。阴雨天较长时，落花落荚严重，可用 5 毫克/千克的防落素喷花。必要时进行适当整枝。

2. 秋延后栽培

（1）品种选择。日光温室的秋延后栽培以选择早熟矮秆品种为宜，晚熟高秆品种结荚晚，采收期短，而且易倒伏，病害较重。另外，以既耐寒又耐热的品种为首选。

（2）播种期的确定。根据所选豌豆品种的生育期和对生长温度的要求，一般播种期以 8 月初为宜，10 月上旬至翌年 1 月收获。这茬豌豆可比露地栽培延后 50～70 天。

（3）种子处理及播种。低温处理方法见秋季露地栽培。为预防病毒病，可在催芽前用 10% 磷酸三钠浸种 20～30 分钟，用清水洗净后再催芽。所选地块每亩施入有机肥 4 000 千克、过磷酸钙 20 千克、适量钾肥。一般采用直播，行距 50 厘米，株距 30 厘米，每穴 3 粒种子。

（4）田间管理。

①温度管理。在温室内最低气温不低于 9℃时，应全天大放风，防止因温度高而徒长或发生病毒病。进入 10 月以后，气温逐渐下降，要逐步减少通风，使温度维持在 9～25℃，并保持 80%～90% 的相对空气湿度。11 月以后，应密闭温室，夜间加盖草帘，加强保温。

②土、肥、水管理。播种后，应多次进行中耕松土，促进通气，防止土壤板结和沤根。现蕾前浇小水，并追施尿素 2 次，每

次每亩 15 千克，浇水后松土保墒。从现蕾至第三个荚果采收，停止浇水，进行蹲苗。蹲苗后加强肥水管理，并增施磷钾肥。结荚盛期温度较低，适当减少浇水次数和浇水量，保持土壤湿润，切忌大水漫灌。另外，在开花前和开花后 20 天各喷 1 次喷施宝，可提高产量。

3. 冬茬栽培

（1）播种时期。日光温室豌豆冬茬栽培以供应元旦至春节以及早春一段时间市场为目的，所以，播种期应早于早春茬、晚于秋冬茬。一般在 10 月上中旬播种育苗或直播，11 月上旬定植，12 月下旬至翌年 3 月下旬收获。

（2）育苗。育苗方法基本同大棚春早熟栽培。因育苗时温度比较高，所以苗期管理以低温管理为主，白天保持 10～18℃。定植前降低到 2～5℃，保持 3～5 天时间，使其通过春化阶段，提早进行花芽分化。

（3）定植。每亩施入优质农家肥 5 000 千克，深翻耙平。做畦时，每亩再沟施过磷酸钙 50～75 千克、硫酸钾 20～25 千克。按 1.5 米宽、南北向做畦。定植时，在畦中间开 10～15 厘米深的沟，按穴距 20～22 厘米栽苗，每穴 3～4 棵。栽后浇水覆土。

（4）定植后的管理。

①温度管理。定植后至现蕾前，白天温度不宜超过 30℃，夜间温度不低于 10℃。整个结荚期以白天 15～18℃、夜间 12～16℃为宜。

②中耕、蔓生支架。豌豆苗高 20 厘米时，出现卷须应立即支架。一般搭单排支架，并用塑料绳绑缚以帮助攀缘。中耕只在搭架前进行，搭架后不再中耕。一般浇缓苗水后划锄松土，搭架前再中耕 1 次即可。

③肥水管理。定植时温度较低，一般浇水较少，所以，应浇缓苗水，水的大小视墒情而定。现蕾前不浇水施肥，当第一朵花已结荚、第二朵花刚谢时，适时浇水施肥。冬茬栽培用水量不

大，15 天左右浇 1 次水，并随水每亩施入复合肥 15～20 千克。浇水量不宜过大，否则会引起落花落荚。

（5）防止落花落荚。进入开花盛期，如落花严重，可用 5 毫克/千克的防落素喷花，同时注意放风，调节好温湿度。

第四节　收获、储藏方法与技术

一、豌豆的收获

（一）鲜豌豆收获

鲜豌豆主要指直接食用或用于保鲜、储运、加工的豌豆青荚、青籽粒、青苗等新鲜体，青荚又包括荷兰豆、甜脆豌豆、普通硬荚。鲜豌豆的收获因其用途不同而存在多种方式。青荚收获视加工或烹调要求或市场需求而定，一般荷兰豆在荚平展、荚内籽粒灌浆初期、荚外壳呈现籽粒略微鼓起状时采收为宜；甜脆豌豆在荚内籽粒灌浆中期，荚壳明显增厚，荚外观扁平、略微鼓圆时采收为宜；普通硬荚在荚内籽粒灌浆后期或完成灌浆，籽粒内淀粉开始积累，荚饱满、色泽绿色或黄绿色时采收为宜。青籽粒在籽粒灌浆完好，籽粒内淀粉开始积累前、籽粒膨大、甜嫩的未熟阶段采收青荚为宜。青苗在出苗后 20～30 天、植株高 30～50 厘米、顶端肥嫩时采摘为宜；采摘青苗期间结合降水或灌水及时追施氮肥，促进营养生长；分期播种，分期采摘，每隔 4～5 天摘 1 次。人工采收青荚、青苗时，必须掌握好地面不能太湿的原则，防止踩浆、踩实地面；采摘时，一只手抓住青荚、青苗着生处的茎秆，另一只手采摘，避免因单手采摘、用力过大而造成株体损伤面过大，不易愈合；一般在 11：00 前结束青荚、青苗的采收和运输，防止长时间堆放或运输而造成内部温度过高导致发热、失水，甚至滋生微生物及病菌等。

（二）干豌豆收获

豌豆干籽粒应在叶片发黄，70%～80% 的豆荚黄白色时收获。收获过早，籽粒灌浆不充分，瘪粒较多，影响产量和商品性；收获过晚，荚果易裂，掉荚掉粒；或因雨水偏多，造成籽粒发芽或霉烂，影响产量和品质。收获时间选择晴天的中午前茎秆和豆荚略微潮湿时，人工或收割机收获，以免碰撞豆荚、掉荚掉粒。豌豆收获后，植株阴干，以免日晒、雨淋使籽粒褪色、发芽或霉烂变质；籽粒含水量低于 20% 以下时，机械脱粒或人工脱粒，脱粒后的籽粒应继续晾晒，直至籽粒含水量低于 13%。

二、干豌豆的储藏

储藏是产后加工的重要环节。豌豆籽粒呈球形且较小，种子堆的密度较大，生命力较易丧失。储藏期间，通常干豌豆的损失量高于禾谷类。

（一）豌豆象防控

豌豆象是豌豆储藏期间的主要害虫，包括 3 个种 *Callosobruchus chinensis*（L.）、*C. maculates*（F.）和 *C. analis*，其中 *C. maculates* 最为重要。这些豌豆象有时在豌豆荚果成熟期产卵，随种子收获进入仓库，造成相当大的损失。研究表明，*C. maculates*（F.）和 *C. analis* 在气温 30℃、空气相对湿度 70% 时，需要 4 周完成生活史。豌豆象对于豌豆籽粒大小、颜色和种子的质地没有选择性。对于少量豌豆品种进行筛选，已发现不同基因型受侵染率存在显著差异，但是没有发现 100% 的抗性资源。豌豆产后损失的 90% 是在储藏期间发生的，损失中的 50% 又是由储藏害虫引起的。近年来的一些文献指出，豌豆象可造成 30%～56% 的产量损失，应在储藏前做好豌豆象防治工作。常用的有囤套囤密闭储藏法和开水烫种法两种。

1. 囤套囤密闭储藏法

从实践中摸索出的囤套囤密闭储藏法是一种切实易行的措施。豌豆刚收获后，呼吸作用非常旺盛，产生大量热能；用密闭保温法使热量不易散发，种温很快升高，经过一定时间，即可杀死潜伏在豆粒内的豌豆象幼虫。同时，豌豆象在高温条件下强烈的呼吸作用所产生的大量 CO_2，也能促使其幼虫窒息死亡。此法具体步骤如下：当豌豆收获后，赶晴天晒干，使水分降到 4%以下；当种温晒到相当高时，趁热入囤密闭，使密闭期间温度继续上升达到 50℃以上（如未达到，杀虫效果不可靠）。入仓前，预先在仓底铺一层谷糠（已经过消毒），压实，厚度需在 30 厘米以上。糠面垫一层席子，席子上围一圆囤，其大小视豌豆数量而定，然后将晒干的豌豆倒进囤内，再在囤的外围做一套囤，内外囤圈的距离应相隔 30 厘米以上。在两囤的空隙间装满谷糠，最后囤面再覆盖一层席子，席上铺一层谷糠，压实，厚度须在 30厘米以上，这样豌豆上下和四周都有 30 厘米厚的谷糠包围着，密闭的时间一般为 30～50 天，视种温升高程度加以控制。豌豆密闭后的 10 天内，需每天检查种温，每隔 1 天检查虫霉情况，到密闭 10 天以后，就可每隔 3～5 天检查 1 次。在密闭前后，均需测定豌豆的发芽率。上述方法除囤边部位有时有很少数害虫未被杀死外，其他部位均能达到 100%的杀虫效果，而且经过这样处理的豌豆发芽率不降低，理化特性也不受影响，但必须在豌豆收获后尽快进行处理。

2. 开水烫种法

消灭豌豆象也可采用开水烫种法，即用大锅将水烧开，把豌豆（水分在安全标准以内）倒入竹筐内，浸入开水中，快速用棍搅拌，经过 25 秒，立即将竹筐提出放入冷水中浸凉，然后摊在垫席上晒干储藏。处理时，要严格掌握开水温度，切勿突然下降，烫种时间不可过长或过短，开水须将全部豌豆浸没，烫种时要不断搅拌。

（二）储藏方法

1. 农户散储

在农村，豌豆储藏期间所用的容器有铁制的、木制的、塑料的、水泥的，还有麻袋和陶制的。但是，这些容器对于防治仓储豌豆象均无显著效果。种子处理对于减少储藏期间的损失变得越来越重要。种子进库之前，使用六氯环己烷（BHC）等接触性杀虫剂，以及磷化铝和氯化苦等熏蒸性杀虫剂，虽然可有效地杀灭储藏害虫，但是会造成污染、食用不安全，还会降低种子的活力。为杀死豌豆籽粒内潜藏的豌豆象，以及确保食用安全，在籽粒入库前，先将豌豆籽粒装入容量为 20～30 千克的透明塑料袋内密封，晴天时在太阳光下暴晒 3～5 天，袋内高于 60℃ 的持续高温会杀死潜藏的豌豆象及其他害虫的成虫、幼虫和卵，而对种子本身的发芽力无不良影响。晒干后的豌豆种子，每 100 千克拌 1～2 千克的食用油，对防治豌豆象危害也有显著效果，而且食用安全。豌豆种子表面涂以食用油，破坏了豌豆象的产卵环境，因而对防治豌豆象有效。当以食用为目的时，以储藏脱皮豆瓣为好，因为豌豆象很少侵染脱皮豆瓣。另外，农户用不透气的铁罐、硬塑料罐存放晒干的豌豆，还可以防止害虫和老鼠进一步危害。

2. 大规模仓储

豌豆的容重约为 800 克/升，比重达 1.32～1.40，静止角为 21°～30°，散落性好，孔隙度小，如大量散装，对仓壁或其他容器的侧压超过大多数农作物种子。因此，在建设仓库时，必须注意材料的强度与构造的坚固度。

第五章
豌豆机械化生产装备

第一节 概 况

　　豌豆作为食用豆类作物，种植历史悠久，因其产量高、商品价值好，备受种植户以及消费者青睐。但随着现代农业的发展和农业新型经营主体的兴起，传统人工生产模式存在生产效率低、人力成本高等缺点，已无法满足新时代的要求，因此实现豌豆机械化生产需求迫切。

　　豌豆机械化生产按其种植技术模式，主要包括机械耕整地、机械播种、田间管理、机械收获和后续的秸秆处理。目前，专门针对豌豆研发的生产机械不多，耕整地及田间管理因所使用机械具有通用性，机械化水平较高，播种、收获及秸秆处理因作物性状及要求不同，机械化水平较低，还存在薄弱环节和技术瓶颈。收获机械目前多使用稻麦、大豆联合收获机，还缺乏豌豆联合收获机研究。秸秆处理时豌豆秸秆较软，在防缠绕及切碎功能方面还有待研究和提升。

　　为全面实施豌豆机械化生产，可以将豌豆整合到现代农业生产系统中，构建科学合理的种植体系，在减轻农民劳动强度的同时，提高生产效率和作业质量，推动豌豆规模化、专业化和标准化生产，助力乡村全面振兴。

第二节 耕整地机械

耕整地机械化作业是豌豆机械化生产的重要环节和基础环节,可为后续机械化播种、田间管理、收获等作业环节做好准备。耕整地是对土地进行耕翻、修整、松土、混合土肥等作业,是改善播种和种子发芽条件的有效措施,可为作物的生长发育创造良好的条件。豌豆耕整地主要包括深翻深松、撒施基肥、旋耕起垄等作业环节,应用到的机械主要包括深翻机械、深松机械、基肥撒施机械、旋耕机械和起垄机械。

一、深翻机械

豌豆生长需要一定的耕作深度,一般要求土层深度保持在50厘米以上,熟土层保持在20~25厘米。深翻是将上下土层进行翻转,一般采用翻转犁进行作业,可加深耕层,打破犁底层,清除残茬杂草,消灭寄生在土壤中或残茬上的病虫害,达到疏松熟化土壤、提高肥力的效果。

(一)总体结构和工作原理

翻转犁一般由悬挂机构、翻转机构、犁体、限深轮、犁柱、犁架等组成,其结构如图 5-1 所示。翻转犁是通过在犁架上安

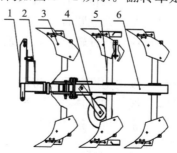

图 5-1 翻转犁结构示意图

1. 悬挂机构 2. 翻转机构 3. 犁体 4. 限深轮 5. 犁柱 6. 犁架

装两组左右对称翻垡相反的犁体，在翻转机构的带动下使犁体跟随犁架交替翻转，当进行田间作业时，通过调节限深轮的高度就可以改变稳定运动时犁的耕深；翻耕完单向行程时，利用悬挂机构对犁架的高度进行提升，利用翻转机构更换另一方向的铧犁进行后续工作，完成返程作业。

（二）典型机具

东方红 1LF-430 翻转犁	
犁体间距（厘米）	105
犁架高度（厘米）	80
作业深度（厘米）	35
配套动力（千瓦）	117.6～147.1
外形尺寸（长×宽×高，毫米）	4 400×2 250×1 750

二、深松机械

豌豆长期种植后，由于浅耕和大量施用化肥、农药形成了较厚的犁底层，并且土壤板结，土壤的蓄水保墒能力、通风透气性能变差，需要间断性地进行深松作业。深松是疏松土层而不翻转土层，保持原土层不乱的一种土壤耕作方法，一般中耕深松深度为 20～30 厘米，对土壤进行疏松，可打破犁底层，改善土壤结构，提高土壤透气性，减少地表水分径流，增强土壤深层蓄水保墒能力，为作物生长提供一个良好的土壤环境。深松机按照深松铲的结构型式，分为凿铲式、翼铲式、振动铲式、弧面倒梯形铲式，本部分以凿铲式深松机为例进行介绍。

（一）总体结构和工作原理

凿铲式深松机主要由铲固定装置、机架、悬挂装置、铲柄、铲尖、限深轮等组成，结构如图 5-2 所示。在深松作业时，深松机通过悬挂装置与拖拉机相连，通过拖拉机的牵引进行深松作业。深松铲通过铲固定装置与机架紧固连接。拖拉机对深松机的牵引力通过机架传递到深松铲上，转化为深松铲切削土壤的力，从而破坏土壤的黏结力，改善土壤耕层结构，实现土地的深松作业。限深轮的作用是控制入土深度，保证深松的深度。

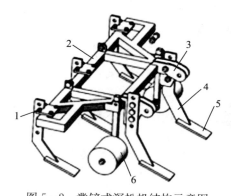

图 5-2　凿铲式深松机结构示意图
1. 铲固定装置　2. 机架　3. 悬挂装置　4. 铲柄　5. 铲尖　6. 限深轮

（二）典型机具

神农 1S-180 型凿铲式深松机

作业幅宽（厘米）	180
深松深度（厘米）	30
配套动力（千瓦）	66.2～88.2
生产率（公顷/时）	0.25～0.38

三、基肥撒施机械

豌豆在播种前需要施足基肥，一般在整地前将基肥施入田间，以满足种植需要。根据豌豆施肥技术，基肥以有机肥、氮磷钾肥或复合肥为主，一般为固态肥料，常用的基肥撒施机械主要有离心圆盘式撒肥机和螺旋式有机肥撒施机。

（一）离心圆盘式撒肥机

1. 总体结构和工作原理

离心圆盘式撒肥机一般由肥料斗、搅拌器、撒肥量调节装置、撒肥盘、撒肥驱动装置、机架等组成，结构如图 5-3 所示。田间作业时，肥料在肥料斗内依靠自重向下落，经过搅拌器时，结块的固态肥料被充分打散，再下落到撒肥盘上，撒肥盘根据行驶速度以相应的速度进行旋转，肥料颗粒在撒肥盘上由旋转引起的离心力向外均匀抛撒。

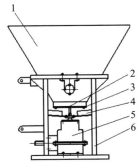

图 5-3 离心圆盘式撒肥机结构示意图

1. 肥料斗 2. 搅拌器 3. 撒肥量调节装置 4. 撒肥盘 5. 撒肥驱动装置 6. 机架

2. 典型机具

天盛 2FGB-1Y 撒肥机

配套动力（千瓦）	36.8～66.2
容积（米³）	1
抛撒幅宽（米）	6～12
外形尺寸（长×宽×高，毫米）	1 350×1 450×1 580

（二）螺旋式有机肥撒施机

1. 总体结构和工作原理

螺旋式有机肥撒施机主要由牵引装置、固定板、机架、肥箱、液压杆、转板销、地轮、螺旋抛撒装置等组成，结构如图 5-4 所示。工作时，首先将有机肥运装到撒肥机肥箱内部，肥箱内的传送带不断将肥料向箱体末端运送，直到与螺旋抛撒装置的抛撒辊接触，抛撒辊将块状肥料打碎，均匀抛撒出去，从而完成撒肥过程。

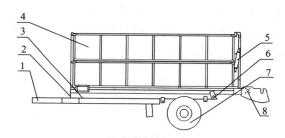

图 5-4　螺旋式有机肥撒施机结构示意图

1. 牵引装置　2. 固定板　3. 机架　4. 肥箱　5. 液压杆　6. 转板销

7. 地轮　8. 螺旋抛撒装置

2. 典型机具

世达尔 TMS10700 撒肥机

最大装卸容量（米^3）	10.7
撒播宽度（米）	5
配套动力（千瓦）	58.8～92.0
重量（千克）	2 800
外形尺寸（长×宽×高，毫米）	7 250×2 900×2 400

四、旋耕机械

豌豆起垄播种之前一般先进行表面土层旋耕破碎作业，将残茬清除并将化肥、农药等混施于耕作层，达到碎土平地的目的，为后续起垄作业做好准备。旋耕机按刀轴的配置方式，可分为卧式、立式和斜置式，目前，卧式旋耕机使用较为普遍，常用的有微型旋耕机和悬挂式旋耕机。两种机械可根据不同地块规模因地制宜进行选择，微型旋耕机结构紧凑灵活，效率相对较低，适合小块地和简易棚作业；悬挂式旋耕机作业效率高，但需由拖拉机带动，适合大块地和连栋大棚作业。

（一）微型旋耕机

1. 总体结构和工作原理

微型旋耕机大多是自走式，主要由发动机、机架、行走轮、变速箱、旋耕刀、刀轴、限深轮、挡泥板、扶手等组成，结构如图 5-5 所示。田间作业时，发动机通过传动系统驱动旋耕刀轴旋转，旋耕刀随着刀轴的转动不断切削土壤，由于刀片特有的形状和切削带来的惯性，土壤被向后抛掷，与挡泥板相撞细碎，然后落回地面，达到了切土、抛土、碎土、松土及平地的目的。

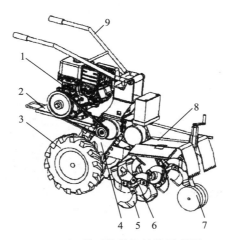

图 5-5 微型旋耕机结构示意图

1. 发动机 2. 机架 3. 行走轮 4. 变速箱 5. 旋耕刀 6. 刀轴

7. 限深轮 8. 挡泥板 9. 扶手

2. 典型机具

新牛 1WGQ4.0B 微耕机

额定功率（千瓦）	4
额定转速（转/分）	3 600
重量（千克）	85
耕深（厘米）	≥10
外形尺寸（长×宽×高，毫米）	1 400×750×850

（二）悬挂式旋耕机

1. 总体结构和工作原理

悬挂式旋耕机主要由机架、刀辊轴、接盘、刀片、变速箱、中间犁、悬架、输入轴等组成，结构如图 5-6 所示。悬挂式旋耕机通常与拖拉机组合使用，通过悬架悬挂于拖拉机上，并由输入轴作为主要驱动力使旋耕机能够正常运行。工作时，刀辊轴旋转带动设置于刀辊轴上的若干组刀片一起旋转，从而实现旋耕土地。

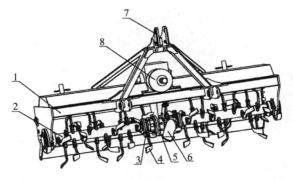

图 5-6 悬挂式旋耕机结构示意图

1. 机架 2. 刀辊轴 3. 接盘 4. 刀片 5. 变速箱 6. 中间犁
7. 悬架 8. 输入轴

2. 典型机具

农哈哈 1GQN-200B 旋耕机

耕幅（厘米）	200
耕深（厘米）	12～16
配套动力（千瓦）	51.5～73.5
整机质量（千克）	450
外形尺寸（长×宽×高，毫米）	2 280×1 300×1 280

五、起垄机械

南方种植豌豆因降水多的原因，须对田块进行起垄作业，便于排灌，防旱除涝。起垄还可有效满足苗床育苗和大田播种对垄面平整度、垄面土壤细度的要求；更可以改善土壤团粒结构，增厚活土层，促使根系下扎，增加固氮量，进而增加产量，改善质量，实现丰产和丰收。目前，起垄机按照配套动力，可分为手扶式起垄机和悬挂式起垄机，可根据豌豆的种植模式和种植规模合理选择。

（一）手扶式起垄机

1. 总体结构和工作原理

手扶式起垄机主要由扶手总成、齿轮箱、覆膜机构、覆土轮、整形板组件、安装板、起垄刀组、驱动轮、发动机等组成，结构如图 5-7 所示。起垄的主要过程是旋耕、抛土、拢土、修垄成型。起垄机工作时，发动机提供动力传输给起垄刀辊，使起垄刀组沿着前进方向旋转，随着刀辊的旋转，土壤在两侧起垄刀的切力作用下碎化。同时，经碎化的土壤在起垄刀的螺旋推力作用下随刀辊轴向中部输送堆积，最后在整形板的作用下形成完整的垄形。

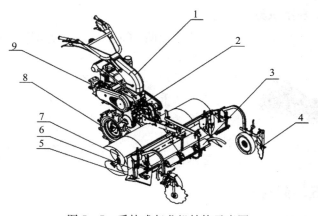

图 5 - 7　手扶式起垄机结构示意图

1. 扶手总成　2. 齿轮箱　3. 覆膜机构　4. 覆土轮　5. 整形板组件
6. 安装板　7. 起垄刀组　8. 驱动轮　9. 发动机

2. 典型机具

悦田 YT10-A 起垄机

起垄高度（厘米）	10～20
垄面宽度（厘米）	45～100
最大输出功率（千瓦）	7.4
外形尺寸（长×宽×高，毫米）	1 630×700×1 200

（二）悬挂式起垄机

1. 总体结构和工作原理

悬挂式起垄机主要由变速箱、悬挂组件、旋耕装置、安装架、开沟部件、起垄装置、链轮等部分组成，结构如图 5 - 8 所示。悬挂式起垄机的悬挂组件和拖拉机的悬挂臂连接，拖拉机的输出轴和起垄机变速箱的输入轴用万向连接轴连接锁定，实现变速并转换动力方向，通过传动链轮箱的传动装置将动力输出并传到旋耕刀轴，刀轴带动其旋耕刀对土壤进行旋耕碎土作业，起垄装置转动过程中挤压泥土，形成符合农艺要求的垄面。同时，作业时通过开沟部件对垄底和沟底面进行镇压平整。

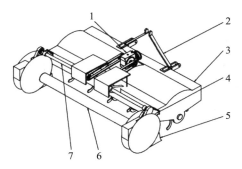

图5-8　悬挂式起垄机结构示意图

1. 变速箱　2. 悬挂组件　3. 旋耕装置　4. 安装架　5. 开沟部件

6. 起垄装置　7. 链轮

2. 典型机具

成帆1ZKNP-140起垄机

起垄高度（厘米）	10～25
垄顶宽（厘米）	80～110
垄距（厘米）	160～170
配套动力（千瓦）	40～69.8
外形尺寸（长×宽×高，毫米）	2 200×1 750×1 300

第三节　播种机械

　　播种是豌豆生产最重要的环节之一，一般播种深度3～4厘米，每穴4～5粒种子。播种机是进行播种作业的机具，通过适时正确的播种作业，可提高播种质量，保证种子按时按质发芽和出苗，对能否实现增产丰收有着直接的影响。播种机按照其排种器的原理，可分为机械式播种机与气力式播种机两大类。除常规的播种机外，近年来，免耕播种机在我国也广泛应用于作物的播种作业，其使用也逐年增多。

一、机械式播种机

机械式播种属于传统的排种技术，按技术特点，机械式播种机可分为外槽轮式、窝眼轮式、水平圆盘等类型，机械式播种机利用排种器上的孔来获取种子，并将其输送到指定位置排放。机械式播种机通常配套中小功率拖拉机进行作业，能完成开沟、播种、施肥、覆土镇压等农艺操作，适用于播种豆类作物。

（一）总体结构和工作原理

机械式播种机一般由限深轮、机架、悬挂架、肥箱、种箱、镇压轮、传动链条、排种器、覆土器和开沟器等组成，其结构如图5-9所示。工作时，播种机通过悬挂架连接到拖拉机后端，由拖拉机带动播种机前行；排肥器将肥料施在肥沟中实现分层施肥，排种器将种箱的种子通过开沟器均匀地排放入种沟，并通过覆土器将种子和肥料覆盖起来；镇压轮将播完的种肥进行仿形镇压，确保播种后的保水保墒。

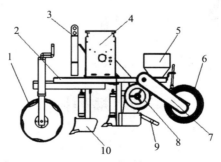

图5-9 机械式播种机结构示意图

1. 限深轮 2. 机架 3. 悬挂架 4. 肥箱 5. 种箱 6. 镇压轮
7. 传动链条 8. 排种器 9. 覆土器 10. 开沟器

（二）典型机具

东方红 2BMYJ-4 播种机

配套动力（千瓦）	73.5～95.6
播种深度（厘米）	3～5
工作效率（公顷/时）	0.4～0.6
外形尺寸（长×宽×高，毫米）	2 300×2 440×1 270

二、气力式播种机

气力式播种机是一种精密播种设备，多应用于高效率、高速的播种环境。作业时，需要与中大功率拖拉机配套使用，按取种原理，可分为气吸式、气压式、气吹式 3 类。气力式播种机利用气流将种子从播种机内的种子储藏区吸出，与传统机械式播种机相比，具有节省种子、不伤种苗、通用性强、能实现高速作业等优点。

（一）总体结构和工作原理

气力式播种机一般由种划印器、开沟器、排肥装置、种箱、排种器、风机、地轮等组成，其结构如图 5 - 10 所示。作业时，

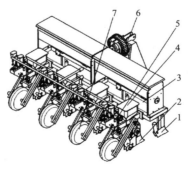

图 5 - 10　气力式播种机结构示意图

1. 种划印器　2. 开沟器　3. 排肥装置　4. 种箱　5. 排种器　6. 风机　7. 地轮

在开沟器开出种沟的同时，利用风机产生的负压力实现种子吸取和排放。排种器一侧与种箱连接，另一侧与风机负压管道相连，种子被吸附后，在负压力的作用下实现输送，到达排种位置后负压力消失，被排放在种沟的位置，种子进入种沟后，后方的地轮进行土壤覆盖，并将表层土壤压实。

（二）典型机具

农哈哈 2BYQF-4 气吸式播种机

配套动力（千瓦）	33.1～58.9
播种深度（厘米）	2～5
工作效率（公顷/时）	0.4～1.3
外形尺寸（长×宽×高，毫米）	1 750×2 250×1 250

三、免耕播种机

免耕播种是指在作物收获后不经旋耕、深耕等耕作直接播种，免耕播种技术有利于土壤有机质积累和团粒结构恢复，可减少土壤破坏和土地资源浪费，同时能够提高种植效率、降低劳动强度，以及减少农药、化肥的使用，是实现农业可持续发展的重要手段。

（一）总体结构和工作原理

免耕播种机由机架、挡土板、行走轮、变速箱、种箱、排种器、镇压轮、旋耕刀轴、旋耕刀、刀盘等组成，结构如图 5-11所示。播种机与拖拉机三点悬挂，工作时动力输出轴经过变速箱将动力传到旋耕刀轴，刀轴带动旋耕刀完成破茬、旋耕。位于旋耕刀后面的挡土板具有平地的作用，并在茬地上开出一条用于播种的种子带，排种器在种子带上直接播种。行走轮可以减小整机的工作阻力，同时对于不平整的土地具有仿形作用，可提高作业速度和预防杂草及残茬拥堵。

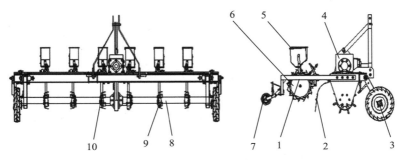

图 5 - 11 免耕播种机结构示意图

1. 机架 2. 挡土板 3. 行走轮 4. 变速箱 5. 种箱 6. 排种器 7. 镇压轮
8. 旋耕刀轴 9. 旋耕刀 10. 刀盘

（二）典型机具

众荣 2BM-6 免耕播种机

配套动力（千瓦）	66.2～80.9
播种深度（厘米）	0～8
施肥深度（厘米）	0～18
外形尺寸（长×宽×高，毫米）	4 200×2 000×1 500

第四节 田间管理机械

　　田间管理是豌豆生产的重要环节，采用机械化作业不仅可以提高田间管理效率，节省大量人力和物力，还可以保证作物的生长和发育。豌豆田间管理主要包括追肥、除草、病虫害防治等作业环节，涉及相关的机械主要包括施肥机械、中耕除草机械和植保机械。

一、施肥机械

施肥是豌豆生长过程中必不可少的一项工作，可以提高土壤肥力，最大限度地保证豌豆在不同的生长时期对于养分的不同需求，科学施肥可促进豌豆的正常生长和发育。目前，施肥采用施入根侧地表以下和根外施肥（叶面肥）的方式，一般采用手扶式微型施肥机、中耕施肥机和喷雾机，现有机型基本能满足作业要求。

（一）手扶式微型施肥机

1. 总体结构和工作原理

手扶式微型施肥机一般由机架、扶手、肥料箱、发动机、行走轮、施肥犁刀、肥料管、开沟刀、限深轮等组成，结构如图 5-12 所示。工作时，发动机将动力传递给行走装置及排肥装置，使机具以一定的作业速度前进，并驱动排肥装置实现排肥，同时可以根据扶手的调速转把调控转速，从而调节排肥量，肥料通过肥料管和开沟刀均匀地施在作物根须附近，完成施肥作业。

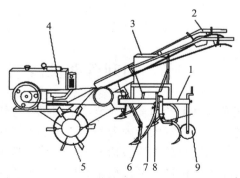

图 5-12 手扶式微型施肥机结构示意图

1. 机架 2. 扶手 3. 肥料箱 4. 发动机 5. 行走轮 6. 施肥犁刀

7. 肥料管 8. 开沟刀 9. 限深轮

2. 典型机具

春耕 170 微型施肥机

配套动力（千瓦）	5.5
耕深（毫米）	60
耕宽（毫米）	460
外形尺寸（长×宽×高，毫米）	1 500×745×900

（二）中耕施肥机

1. 总体结构和工作原理

中耕施肥机一般由覆土器、施肥开沟器、施肥开沟器支架、排肥器、肥箱、三点悬挂装置、机架和地轮等组成，结构如图 5-13 所示。工作时，中耕施肥机通过三点悬挂装置连接到拖拉机后端，拖拉机带动中耕施肥机前进，地轮通过与地面的摩擦力转动而带动排肥器，肥料通过肥管施在之前施肥开沟器开在跟侧的沟里，最后进行覆土，完成中耕施肥作业。

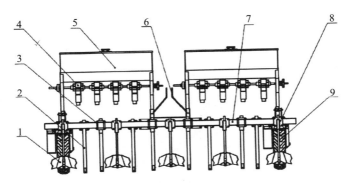

图 5-13 中耕施肥机结构示意图

1. 覆土器 2. 施肥开沟器 3. 施肥开沟器支架一 4. 排肥器 5. 肥箱
6. 三点悬挂装置 7. 机架 8. 施肥开沟器支架二 9. 地轮

2. 典型机具

布谷 3ZF-6 中耕施肥机

配套动力（千瓦）	40～73
单个肥箱容量（升）	70
工作深度（毫米）	30～120
作业速度（千米/时）	7～10
外形尺寸（长×宽×高，毫米）	4 600×1 730×350

（三）喷雾机

常用的喷雾机有背负式喷雾机、喷杆式喷雾机、担架式喷雾机、电动喷雾机等，在植保机械章节中进行详细介绍。

二、中耕除草机械

田间杂草过多，将会影响豌豆的正常生长和发育。机械化除草可以采用除草机、旋耕机等，对于一些难以清除的杂草，可以采用喷药的方式进行除草。目前，除草机大多是中耕除草机，工作部件多为单翼铲或者双翼铲。

（一）总体结构和工作原理

中耕除草机一般由犁盘、机架、弹簧、铲体座、深度调节器、限深轮、翼铲等组成，结构如图 5-14 所示。作业时，拖拉

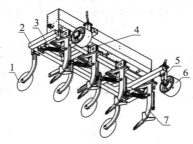

图 5-14 中耕除草机结构示意图

1. 犁盘 2. 机架 3. 弹簧 4. 铲体座 5. 深度调节器 6. 限深轮 7. 翼铲

机在前进过程中，翼铲将土体破开，在切开撕裂土壤的同时，将杂草从土壤中拔出，并引导杂草运移至两侧。可调弹簧对翼铲进行单行微仿形并保证翼铲的入土能力，限深轮控制翼铲入土深度。

（二）典型机具

比利时 AVR BVBA 除草机

作业宽度（厘米）	300～360
重量（千克）	890
配套动力（千瓦）	52

三、植保机械

豌豆病虫害种类多，发生最普遍的有锈病、白粉病、病毒病、褐斑病、蚜虫、夜蛾类害虫等，在南方地区和多雨年份常引发流行。目前，农作物病虫害的防治方法很多，如化学防治、生物防治、物理防治等，化学防治是农民使用的最主要的防治方法。植保机械能将一定量的农药均匀喷洒在目标作物上，可以快速地达到防治和控制病虫害的目的。目前，常用的植保机械有背负式喷雾机、喷杆式喷雾机和植保无人机等。

（一）背负式喷雾机

1. 总体机构和工作原理

背负式喷雾机一般由机架、风机、汽油机、水泵、油箱、药箱、操纵部件、喷洒部件和起动器等组成，喷雾性能好，适用性强，其结构如图 5-15 所示。工作时，汽油机带动风机叶轮旋转产生高速气流，在风机出口处形成一定的压力，其中大部分高速气流经风机出口流入喷管，少量气流经风机一侧的出口流经药箱上的通孔进入进气管，使药箱内形成一定的压力，药液在压力的作用下经输液管调量阀进入喷嘴，从喷嘴周围流出的药液被喷管内的高速气流冲击形成雾粒喷洒出去，完成作业。

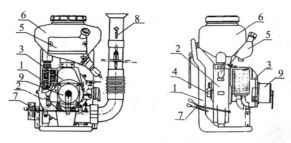

图 5 - 15　背负式喷雾机结构示意图

1. 机架　2. 风机　3. 汽油机　4. 水泵　5. 油箱　6. 药箱　7. 操纵部件
8. 喷洒部件　9. 起动器

2. 典型机具

永佳 3W-700J 背负式喷雾机

配套动力（千瓦）	2.2
药箱容积（升）	20
射程（米）	≥16
耗油率（克）	554
外形尺寸（长×宽×高，毫米）	500×440×780

（二）喷杆式喷雾机

1. 总体结构和工作原理

喷杆式喷雾机一般由行走动力底盘、轮距可调系统、转向系统、药箱、喷杆升降系统、喷杆折叠系统和驾驶室等组成，作业效率高，喷洒质量好，广泛用于大田作物病虫害防治，其结构如图 5 - 16 所示。工作时，发动机驱动液压泵，液压泵驱动行走马达使喷雾机前行和后退；喷杆在调节机构作用下可以实现喷杆升降、折叠、展收等动作；发动机带动液泵转动，药液从药箱中吸出并以一定的压力，经分配阀输送给搅拌装置和各路喷杆上的喷头，药液通过喷头形成雾状后喷洒。

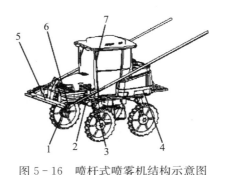

图 5-16　喷杆式喷雾机结构示意图

1. 行走动力底盘　2. 轮距可调系统　3. 转向系统　4. 药箱　5. 喷杆升降系统
6. 喷杆折叠系统　7. 驾驶室

2. 典型机具

勇力 3WPZ-500 喷杆式喷雾机

配套动力（千瓦）	18
药箱容积（升）	500
喷洒幅度（米）	10
离地间隙（毫米）	710
外形尺寸（长×宽×高，毫米）	4 150×1 650×1 980

（三）植保无人机

1. 总体结构和工作原理

植保无人机一般由机架、药箱、喷头、电机、螺旋桨、控制系统等组成，其结构如图 5-17 所示。工作时，操作人员操控无人机飞行到指定作业区域上空或者使其自主飞行，打开无线遥控开关，液泵通电运转，将药箱中的药液通过软管输送到喷头喷出；无线遥控开关控制继电器的通断，能及时地控制液泵的工作状态，从而实现对防治对象的喷洒，而对其他作物少喷或不喷，合理有效地提高了农药的利用率。植保无人机具有作业效率高、单位面积施药量少、自动化程度高、劳动力成本低、安全性高、快速高效防治、防控效果好、适应性强等优点。

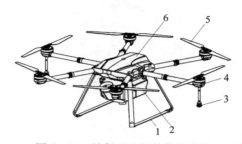

图 5-17　植保无人机结构示意图

1. 机架　2. 药箱　3. 喷头　4. 电机　5. 螺旋桨　6. 控制系统

2. 典型机具

大疆 T30 植保无人机	
药箱容积（升）	30
喷洒幅度（米）	4～9
作业飞行速度（米/秒）	7
最大功耗（千瓦）	11
外形尺寸（长×宽×高，毫米）	2 858×2 685×790

第五节　收获机械

豌豆的收获一般可分为分段收获和直接收获两种方式。分段收获一般采用割晒机来进行植株切割、放铺或堆放作业，然后采用人工捡拾、机械脱粒、清选等完成收获工作；直接收获采用联合收获机，一般可一次性完成拨禾、植株切割、植株喂入、输送、脱粒、清选、收集等多项作业。本节对收获机械中的割晒机、脱粒机、联合收获机进行介绍。

一、割晒机

豌豆使用割晒机收获一般要求收割后留茬整齐，整株收割完整也便于后续晾晒捡拾等作业。割晒机具有灵活机动、成本低、适应性强、使用调整方便的优点，可满足小地块及间种、套种及不同成熟期条件的作业要求。目前，割晒机主要有手扶式割晒机和卧式割晒机。

（一）手扶式割晒机

1. 总体结构和工作原理

手扶式割晒机主要由机架、分禾板、刀具、水平输送组件、分拨器、星轮、摆杆和检测开关等组成，结构如图 5-18 所示。工作时，分禾板将植株分隔夹持，随后刀具将植株的根部割断，由水平输送组件将切割下来的植株输送至机具一侧。其中，摆杆能够根据植株的到来进行有针对性的摆动，使得植株的倒伏姿态更加规律和可控；刀具的切割速度可调，可满足切割不同植株的需求。

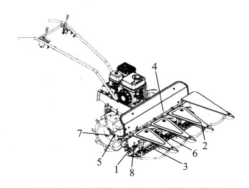

图 5-18　手扶式割晒机结构示意图

1. 机架　2. 分禾板　3. 刀具　4. 水平输送组件　5. 分拨器　6. 星轮

7. 摆杆　8. 检测开关

2. 典型机具

明悦 4G100 割晒机

割幅（毫米）	1 000
最低割茬高度（毫米）	50
配套动力（千瓦）	4.41
外形尺寸（长×宽×高，毫米）	1 300×1 050×650

（二）卧式割晒机

1. 总体结构和工作原理

卧式割晒机主要由拨禾轮、拨禾轮升降液压缸、割台升降液压缸、机架、悬挂升降装置、分禾装置、往复式切割器、横向螺旋输送滚筒、传动系统和液压马达等组成，结构如图 5-19 所示。田间作业时，分禾装置将收割区和待收割区分开，进入收割区的作物在拨禾轮的作用下向割台一侧倾斜，往复式切割器将其切割分离，在割台前进推力和横向螺旋输送滚筒的共同作用下，左右两侧割倒的作物被输送至中间铺放，割台中间部分的作物直接向后倾倒铺放，实现有序铺放。

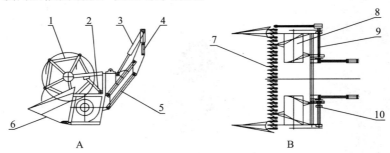

图 5-19　卧式割晒机割台结构示意图

A. 割台主视　B. 割台俯视

1. 拨禾轮　2. 拨禾轮升降液压缸　3. 割台升降液压缸　4. 机架　5. 悬挂升降装置
6. 分禾装置　7. 往复式切割器　8. 横向螺旋输送滚筒　9. 传动系统　10. 液压马达

2. 典型机具

一达 4GL-330 割晒机

配套动力（千瓦）	66～80
工作幅宽（毫米）	3 300
拨禾轮数量（个）	1
外形尺寸（长×宽×高，毫米）	2 100×3 600×1 400

二、脱粒机

目前，针对豌豆的脱粒机械较少，大多是利用原有的谷物脱粒机进行改进或者利用其原理重新设计。按照脱粒元件，脱粒机分为纹杆式脱粒机、钉齿式脱粒机、板齿式脱粒机，在豆类脱粒中以钉齿式脱粒机为主。

（一）总体结构和工作原理

钉齿式脱粒机主要包括变频电机、万向轮、机架、风机、脱粒滚筒、筛网、减速器、振动筛等，结构如图 5-20 所示。工作时，脱粒滚筒旋转时借助螺旋排布的钉齿击打输入的秸秆，使豆荚分离脱落，并漏过网筛，落到振动筛上，被筛分输出。钉

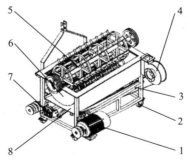

图 5-20　脱粒机结构示意图

1. 变频电机　2. 万向轮　3. 机架　4. 风机　5. 脱粒滚筒　6. 筛网

7. 减速器　8. 振动筛

齿一般采用螺旋排列，能够充分发挥每个钉齿的作用，使籽粒产生轴向移动趋势，避免瞬间被推向一侧，有利于转子的动静平衡，从而进一步提高脱净率，并可有效防止秸秆在脱粒滚筒上的缠绕。

（二）典型机具

四达 5T-90 脱粒机

配套动力（千瓦）	8～15
筛体尺寸（长×宽，毫米）	1 590×540
整机质量（千克）	270
外形尺寸（长×宽×高，毫米）	1 970×1 916×1 240

三、联合收获机

联合收获技术可一次性完成收割、脱粒、清选等多个环节，具有作业效率高、收净率高、籽粒破碎小、脱荚损伤小、夹带率低、适于连片大地块作业等优点。本部分对豌豆联合收获机械的研究现状和典型机具进行介绍。

农业农村部南京农业机械化研究所设计了 4DL-5A 型全喂入食用豆联合收获机，由割台装置、驾驶室、提升装置、粮仓、顶盖、脱粒装置、振动筛、底盘、风机、液压缸、逐稿装置等组成，结构如图 5-21 所示。作业时，通过液压缸调节割台装置高度，使割刀位于最低结荚部位下方，确保没有漏割。当机器前进时，豌豆秸秆在拨禾轮的引导下进入割台装置，切断后的秸秆通过逐稿装置被输送至脱粒装置，在脱粒装置内完成籽粒与豆荚分离、秸秆粉碎的作业，经振动筛和风机清选后，分别由一次提升装置和二次提升装置输送至粮仓，从而完成豌豆的机械化收获作业。

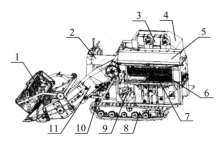

图 5 - 21　4DL-5A 型全喂入食用豆联合收获机结构示意图

1. 割台装置　2. 驾驶室　3. 提升装置　4. 粮仓　5. 顶盖　6. 脱粒装置
7. 振动筛　8. 底盘　9. 风机　10. 液压缸　11. 逐稿装置

四川刚毅科技集团有限公司设计了一种小型收获机，主要由割台、输禾、脱粒箱、清选机构、出粮系统、底盘站板等组成，结构如图 5 - 22 所示。工作时，割台收割植株，通过输禾输送至脱粒箱，脱粒箱内的脱粒滚筒对植株进行脱粒，脱粒滚筒下方的筛网对物料进行一次筛选去除大杂质，搅龙将物料输送到清选机构内去除小杂质，最后清洁的物料进入出粮系统。

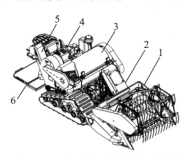

图 5 - 22　小型收获机结构示意图

1. 割台　2. 输禾　3. 脱粒箱　4. 清选机构　5. 出粮系统　6. 底盘站板

第六节　秸秆粉碎机械

豌豆收获后产生大量秸秆，秸秆焚烧不仅会造成空气污染，还会破坏土壤中的微生物菌群和土壤理化结构，影响地力提升和后续种植作业。因此，有必要开展秸秆资源化利用。秸秆利用方式主要包括基料化、原料化、堆肥发酵处理、燃料化、饲料化及秸秆直接还田，目前以秸秆直接还田和饲料化为主。秸秆直接还田是目前应用最为广泛，也是处理最为简单的一种秸秆利用方式；饲料化因豌豆的秸秆蛋白质含量高，且豌豆秸秆质地较软、适口性好，也是一种较好的秸秆利用方式。大部分秸秆原料在开发利用前都需要进行相应的粉碎处理，根据粉碎方式与粉碎手段的不同，秸秆粉碎机械主要有铡切式粉碎机、锤片式粉碎机、揉切式粉碎机。

一、铡切式粉碎机

（一）总体结构和工作原理

铡切式粉碎机有铡切秸秆、粉碎谷物和揉搓秸秆等功能。铡切式粉碎的主要设备是铡草机，由牵引机构、喂入机构、抛送装置、切碎装置、电机、传动系统、支架、输送装置等组成，结构如图 5-23 所示。工作时，秸秆沿输送装置进入喂入机构，在切碎装置的刀具高速旋转下将秸秆切成段状，随后从抛送装置出口抛出。

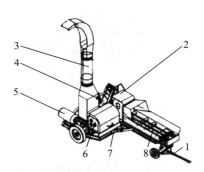

图 5-23　铡切式粉碎机结构示意图

1. 牵引机构　2. 喂入机构　3. 抛送装置　4. 切碎装置　5. 电机　6. 传动系统
7. 支架　8. 输送装置

（二）典型机具

九信 9ZP-12 型铡草机

切碎长度（毫米）	10～30
生产效率（吨/时）	12～22
配套动力（千瓦）	18.5
外形尺寸（长×宽×高，毫米）	3 150×2 150×4 150

二、锤片式粉碎机

（一）总体结构和工作原理

锤片式粉碎机主要由电机、粉碎室、自动破碎仓、集粉器、风机等组成，结构如图5-24所示。锤片式粉碎机的原理是在机械力的作用下使固体物料发生形变进而破碎的过程。粉碎室主要由锤片及筛片构成，作业时将秸秆喂入粉碎室，锤片在高速旋转状态下不断打击秸秆，然后以较高的速度抛向齿板和筛片，秸秆受到齿板的搓擦作用、筛片的碰撞作用以及物料间的相互碰撞作用而被粉碎。该过程往复进行，直到物料从筛孔漏出为止。

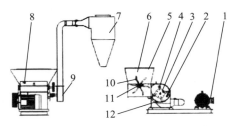

图5-24　锤片式粉碎机结构示意图

1. 电机　2. 粉碎室　3. 转子盘　4. 锤片　5. 安全挡料板　6. 自动破碎仓　7. 集粉器
8. 进料闸门　9. 风机　10. 拨料齿　11. 轴承及轴承座　12. 筛片

（二）典型机具

圣泰9FQ420锤片式粉碎机

锤片数量（片）	16
生产效率（千克/时）	300～700
配套动力（千瓦）	7.5
外形尺寸（长×宽×高，毫米）	1 600×1 800×1 000

三、揉切式粉碎机

（一）总体结构和工作原理

揉切式粉碎机主要由粉碎装置、压辊、输送装置、机架、动力传动装置等组成，结构如图5-25所示。揉切式粉碎机是在锤片式粉碎机基础上发展而来的，用齿板代替筛片，锤片和齿板同时作用于秸秆，将其揉搓成丝状，作业时先由输送装置内的压辊对秸秆进行挤压，秸秆切断后进入粉碎室，由锤片和筛网配合使

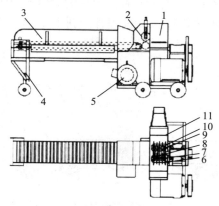

图5-25　揉切式粉碎机结构示意图

1. 粉碎装置　2. 压辊　3. 输送装置　4. 机架　5. 动力传动装置　6. 锤片轴
7. 锤片　8. 切断刀　9. 隔套　10. 锤片架　11. 筛网

秆秆在筛网上多次摩擦直至秸秆达到筛网的孔径，将秸秆揉搓成柔软、蓬松的丝段状，最后由锤片转动产生的气场将秸秆送出粉碎室。

（二）典型机具

昆电工 9ZR-4W 秸秆揉丝机

额定转速（转/分）	2 870
生产效率（千克/时）	4 000
配套动力（千瓦）	4
外形尺寸（长×宽×高，毫米）	1 750×515×860

第六章
豌豆病虫草害及其防治技术

第一节　主要病害及其防治

豌豆病害种类多，发生较普遍的有锈病、白粉病、病毒病和褐斑病等，在南方地区和多雨年份常引发流行。

一、锈病

1. 病征

豌豆锈病在我国所有豌豆种植区均有发生，其中，以西南地区最为严重。已报道有多种单胞锈菌引起豌豆锈病，其中主要病原为蚕豆单胞锈菌（*Uromyces viciae-fabae*）和豌豆单胞锈菌（*Uromyces pisi*）。锈菌侵染影响植株生理与生化过程，显著降低光合作用强度，严重流行时导致叶片干枯、脱落，豆荚停止发育。在适宜病害流行的环境条件下，豌豆单胞锈菌引起的产量损失可达30％以上，而蚕豆单胞锈菌导致的产量损失高达50％。此外，豌豆锈病侵染还显著减少根瘤的数量与缩小根瘤的体积，降低固氮酶的活性。

豌豆的叶、叶柄、茎、荚均可被病原侵染。叶片发病初期在叶面或叶背产生黄白色小斑点，然后在叶背产生杯状、白色的锈孢子器，继而形成黄色夏孢子堆，破裂后散出黄褐色的夏孢子。有时环绕老病斑四周产生一圈新的疱状斑，或不规则散生，发病重的叶片上布满锈褐色小疱，随后全叶遍布锈褐色粉末。后期病斑上产生黑色隆起斑，为冬孢子堆，破裂后散出黑褐色粉状物，即病原的冬孢子。被侵染的茎和叶柄上的病斑与叶片上的相似。

我国大部分地区豌豆锈病的病原为蚕豆单胞锈菌，目前仅在江苏、浙江和四川报道豌豆锈病的病原为豌豆单胞锈菌。在北方地区，蚕豆单胞锈菌以冬孢子堆在豌豆等病残体上越冬。翌春，冬孢子萌发产生担子和担孢子。担孢子借气流传播到寄主叶面，萌发时产生芽管直接侵染豌豆，在病部产生性孢子器及性孢子和锈孢子器及锈孢子，然后形成夏孢子堆。夏孢子重复产生，借气流传播进行再侵染，在病害流行中起着重要作用。秋季形成冬孢子堆及冬孢子越冬。在南方地区，蚕豆单胞锈菌和豌豆单胞锈菌以夏孢子进行初侵染和再侵染，并完成侵染循环。但是，蚕豆单胞锈菌也可能以越冬的冬孢子作为初侵染源引发病害。在云南，染病豌豆叶片的病征以锈孢子器为主，锈孢子可能是豌豆锈病流行的重要再侵染源。

蚕豆单胞锈菌的锈孢子在豌豆整个生育期都产生，是影响病害流行的主要因子。蚕豆单胞锈菌锈孢子产生的温度为 $10\sim27℃$，其中在 $25℃$ 左右产孢量最大。夏孢子主要在植株衰老时产生。锈孢子最适萌发温度为 $25℃$，夏孢子最适萌发温度为 $15℃$，温度大于 $15℃$ 则萌发率下降。100% 的相对湿度有利于锈孢子萌发，而夏孢子萌发最适相对湿度为 98%。温度对锈病的流行有显著和直接作用，而降水和湿度与锈病的发展呈负相关关系。豌豆品种、播种期及其他环境因子与病害流行有密切关系。种植品种感病是病害流行的重要原因；早播豌豆发病轻，晚播则发病重；地势低洼和排水不畅、土质黏重、植株种植过密、农田通风不良，则发病重。

2. 防治方法

（1）种植抗病品种。国内已筛选出一些抗病资源，如辽宁的海顶柱（G0000313）、麻豌豆（G0000321）、无名豌豆 4 号（G0000325）、无名豌豆 8 号（G0000327）表现抗病，中抗类型有内蒙古的白豌豆（G0002639）、美国的 Ps310126（G0003431）、辽宁的矮生大粒（G0000335）等。浙豌 1 号和新西兰菜豌豆在浙江表现为锈病的发病率较低。近年来，中国科学家与澳大利亚科学家合作在豌豆抗锈病资源筛选与抗病品种选育方面取得显著成效，培育出一些抗锈病豌豆品系。

（2）农业防治。适时早播和利用早熟品种，避开锈病发生高峰期，减轻病害损失；与非寄主作物轮作 1～2 年，可以有效降低田间病原量；采用高畦深沟或高垄栽培，合理密植，及时整理枝蔓，加强通风透光，增强植株抗病力。田间土壤湿度大时，注意开沟排水降低田间湿度，降低病株发病程度；适量增施磷、钾肥，增强植株抗病力，可以降低锈病的发生率和严重度。避免过度施用氮肥导致植株徒长和嫩弱，降低抗性，有利于锈病发生。收获后，及时清除豌豆秸秆，集中深埋或烧毁，降低病原在田间的越冬基数；播种前，铲除田间豌豆、蚕豆自生苗及其他野豌豆属自生苗，这些自生苗是豌豆锈菌"绿桥"，可能是重要的初侵染源。

（3）化学防治。在发病初期，喷施 43%菌力克悬浮剂 6 000～8 000 倍液、40%氧硅唑乳油 6 000～8 000 倍液、30%氟菌唑可湿性粉剂 4 000～5 000 倍液、50%多硫悬浮剂 600 倍液、50%混杀硫悬浮剂 500 倍液、15%三唑酮可湿性粉剂 1 500～2 000 倍液、10%苯醚甲环唑（世高）水悬浮剂 2 000～3 000 倍液、43%戊唑醇悬浮剂 3 000 倍液、25%腈菌唑乳油 2 500～3 000 倍液、80%代森锰锌可湿性粉剂 600～800 倍液、25%丙环唑乳油 1 000倍液、2%武夷菌素水剂 150～200 倍液或 0.2～0.3 波美度石硫合剂等。根据病害发生情况，每隔 10～14 天防治 1 次，连续防治 3～4 次，不同药剂交替使用。

二、白粉病

1. 病征

豌豆白粉病是豌豆的重要病害之一。该病广泛分布于世界各豌豆生产区，尤其在白天温暖、夜间冷凉的天气条件下危害最为严重。在我国，所有豌豆种植区都有豌豆白粉病发生，其中在云南、四川、福建、河北、甘肃等省份的一些豌豆主产区危害严重。豌豆被白粉菌侵染，可导致植株总生物量、单株结荚数、每荚粒数、植株高度以及茎节数的减少，一般可造成26%～47%的产量损失。此外，白粉病的发生能加速豌豆植株的成熟，导致青豌豆的嫩度值快速提高。豆荚被严重侵染可导致籽粒变色，品质下降。

豌豆白粉病由豌豆白粉菌（*Erysiphe pisi*）引起。该病原为活体营养型真菌，能够侵染豌豆植株的所有绿色部分。发病初期，最先出现的症状是在叶片或叶托表面产生小的、分散的淡黄色斑点，随后病斑逐渐扩大形成白色至淡灰色粉斑，最后病斑合并使病部表面被白粉（病原的气生菌丝、分生孢子梗和分生孢子）覆盖，叶背呈褐色或紫色斑块。病害由下向上逐渐蔓延，发病严重的病株，其叶片、茎、豆荚上布满白粉，豆荚表皮失去绿色，结荚少。受害较重的植株枯萎和死亡，被侵染区域下面的组织变黑，成熟病斑上散生黑色小粒点，即闭囊壳。

在西北或华北寒冷地区，病原以闭囊壳、休眠菌丝或分生孢子在病残体上越冬，成为初侵染源，翌年以子囊孢子进行初侵染，或从越冬的休眠菌丝上产生分生孢子进行侵染。初侵染一旦建立，则很快形成分生孢子进行再侵染。分生孢子在分生孢子梗上连续产生，借气流远距离传播，1小时内便可萌发造成侵染，在适宜条件下（约25℃）潜伏期很短，5天就能造成病害流行。南部温暖地区，病原在寄主作物间辗转传播危害，无明显越冬期。除侵染豌豆外，豌豆白粉菌还可侵害其他一些豆科作物，如苜蓿、紫云英、羽扇豆、小扁豆等。

豌豆白粉病在白天温暖、干燥，夜间冷凉并能结露的天气条件下发生最重。因此，半干旱的生长季节病害严重流行。土壤干旱或氮肥施用过多，土壤缺少钙、钾肥，植株抗病力降低时，病害发生相对严重。温度偏高，多年连作、地势低洼、田间排水不畅、种植过密、通风透光差、长势差的田块发病重。豌豆对白粉病的最易感病生育期为开花结荚中后期，因此在北方地区晚熟品种或晚播有利于发病，而在南方地区如福建，晚播则发病时间也相应推迟，后期的损失较小。

2. 防治方法

（1）种植抗病品种。种植抗病品种是防治豌豆白粉病最有效的方法。目前，我国已筛选和引进免疫或高抗白粉病的豌豆资源，并已培育出一些高抗白粉病的优质品系。此外，多年观察表明，以下栽培品种在田间对白粉病表现出较好的抗病性，如适于北京、浙江、湖北种植的中豌2号，适于华北和西北部分地区种植的晋硬1号、晋软1号、绿珠豌豆、小青荚豌豆，适于西南、华南地区种植的无须豆尖1号豌豆、杂交大荚豌豆等。

（2）农业防治。利用农业措施也可以有效地减轻豌豆白粉病的发生，如适时早播和利用早熟品种避开白粉病流行高峰时期；适量增施磷、钾肥，增强植株抗病力，降低白粉病的发生率和严重度。在白粉病发生严重的地区，可以进行化学防治，但化学防治必须在病害发生前或初期进行。

（3）化学防治。在病害发生初期，喷施43％菌力克悬浮剂6 000～8 000倍液、40％氧硅唑乳油6 000～8 000倍液、50％多硫悬浮剂600倍液、50％混杀硫悬浮剂500倍液、15％三唑酮可湿性粉剂1 500～2 000倍液、10％苯醚甲环唑水悬浮剂2 000～3 000倍液、43％戊唑醇悬浮剂3 000倍液、25％腈菌唑乳油2 500～3 000倍液。根据病害发生情况，每隔10～14天防治1次，连续防治3～4次，不同药剂交替使用。

三、褐斑病和褐纹病（壳二孢疫病）

1. 病征

豌豆褐斑病和褐纹病是由豌豆壳二孢（*Ascochyta pisi*）、豆类壳二孢〔*A. pinodes*，有性阶段为豌豆球腔菌（*Mycaspaerea pinode*）〕和豌豆脚腐病菌（*Phoma medicaginis* var. *pinodella*）引起的豌豆壳二孢疫病，是豌豆最主要的病害之一，广泛发生于世界各豌豆产区。我国已报道豌豆壳二孢和豆类壳二孢两种病原，分别引起褐斑病和褐纹病，豌豆脚腐病菌在我国迄今还没有报道，是国家对外检疫重要性病原。褐斑病和褐纹病在我国各豌豆种植区都有发生，褐斑病危害较轻，褐纹病危害较重，一般造成 15%～20% 的产量损失，严重时减产率高达 50%。

豌豆壳二孢主要危害植株地上部分。叶片和荚上病斑呈圆形，茎部病斑呈椭圆形或纺锤形，略凹陷，病斑中心呈褐色或棕色，有明显的深褐色边缘，病斑上产生大量的小黑点，即分生孢子器。豆类壳二孢侵染豌豆叶片、茎、荚和子叶，症状初期为小的紫色不规则斑点，边缘不明显。在较老的叶片上或在适宜的条件下，病斑扩大，有时合并，导致组织干枯。叶部和荚上的病斑常常产生分生孢子器，并以黄褐色和棕色交替的同心环方式扩展形成轮纹斑。严重侵染可导致叶片失水、易碎，但叶片不脱落。茎上病斑呈紫黑色，常常合并，甚至环茎，造成上部叶片变黄、植株枯死和脚腐。病原能够穿过荚侵染内部的种子，引起种皮皱缩和变色。

豌豆壳二孢腐生能力较弱，在病残体上越冬的病原不是主要的初侵染源。种子带菌对病害发生和流行极为重要。带菌种子出苗后在子叶和下胚轴产生病斑，并在发病组织上产生分生孢子器。分生孢子借风雨传播，从气孔或者直接穿透表皮侵入寄主组织，潜育期 6～8 天，在新病斑上产生分生孢子器和分生孢子进行再侵染。豆类壳二孢以厚垣孢子在土壤中越冬，或以菌丝体、菌核或假囊壳在豌豆植株残体上越冬。在春天，越冬病原产生分生孢子或子囊孢子进行初侵染。分生孢子通过雨溅短距离扩散；子囊孢子通过风传进行大范围侵染，是主要初侵染源。冷凉、潮湿多雨的天气有利于病害的发生与蔓延。

2. 防治方法

（1）种植抗病品种。选择合适的抗病品种种植。

（2）农业防治。与非寄主作物轮作 4 年以上；选择土质疏松的地块种植；施用腐熟的有机肥，增施磷、钾肥；收获后及时清除病残体，并深翻土地，减少菌源。

（3）化学防治。用种子重量 0.1％的 50％苯菌灵可湿性粉剂和 50％福美双可湿性粉剂混合药剂（1∶1）拌种。发病初期，喷施 70％代森锰锌可湿性粉剂 400 倍液、75％百菌清可湿性粉剂 500 倍液、70％乙膦铝锰锌可湿性粉剂 400 倍液、58％甲霜·锰锌可湿性粉剂 500 倍液、40％多菌灵锰锌可湿性粉剂 500～600 倍液等，每隔 7 天喷 1 次，连喷 3～4 次。

四、根腐病

豌豆根腐病由茄镰孢豌豆专化型（*Fusarium solani* f. sp. *Pisi*，有性世代为 *Nectria haematococca* MPVI）引起，镰孢菌根腐病是最重要的病害之一。该病在我国普遍发生，其中，甘肃、宁夏、云南、四川、福建、安徽、内蒙古、河北发生严重。镰孢菌根腐病一般导致 30％～57％的豌豆产量损失，严重发生的地块减产可达 60％以上。

1. 病征

豌豆根腐病主要危害根或根茎部。最初的侵染发生在子叶节区、地下的上下胚轴和主根上部，随后向上扩展到地表以上茎基部和向下扩展到根部。被侵染的主根和侧根最初症状为红褐色至黑色条纹病斑，随后病斑合并，根变黑，根瘤和根毛明显减少，纵剖根部，维管束变褐色或红色。茎基部产生砖红色、深红褐色或巧克力色病斑，严重时缢缩或凹陷，病部皮层腐烂；病株植株矮化，叶片变灰，接着变黄，下部叶片枯萎，最后植株死亡。

病原以厚垣孢子在病残体上或土壤中越冬。土壤带菌是病害发生的主要初侵染源。当土壤相对湿度超过 9％时，豌豆播种在土壤中 20 小时后，厚垣孢子就可大量萌发。豌豆种子吸胀和萌发时，向土壤中释放营养是导致厚垣孢子萌发、生长和侵染豆苗的主要因素。病原的初侵染一般从上胚轴、下胚轴的气孔开始，随后向下扩展到根系。但是，病原也可以通过分泌酶直接穿透豌豆上胚轴的角质层进行侵染。

病原主要靠带菌的土壤、沙尘和表面污染的种子传播。带菌土壤、秸秆、粪肥等是病害发生的初侵染源。病害的田间传播主要通过雨水、灌溉水或农具等。干旱、高温条件有利于豌豆根腐病发生。在西北地区，春季干旱、少雨、土壤墒情差，种子在土壤中萌发吸水不够，延长了萌发出苗时间，种子感染了土壤中根腐病的病原，造成苗弱、苗死。在开花结荚期高温干旱，导致豌豆植株生长衰弱，抗病性降低，有利于病害发生。短时间的田间积水也可显著提高根腐的发生率和严重度。病原生长的最适温度为 25～30℃；病害发生的温度为 10～35℃，土壤温度为 10～30℃，根腐病的严重度随着温度的升高而加重，以 25～30℃ 发病最严重。叶部症状也随着温度的升高而加重。连作、土壤板结、贫瘠、地下害虫和线虫危害、除草剂危害、种子活力低等会加重根腐病的危害。

2. 防治方法

（1）种植抗病品种。我国已培育出一些抗病性较好的品种，如定豌 1 号、定豌 2 号、定豌 3 号、定豌 4 号、定豌 5 号、草原 276、草原 1 号、草原 12、草原 23、宝峰东 8 号、陇豌 1 号、古豌 1 号、宁豌 3 号、中豌 5 号、中豌 6 号、须菜 3 号、麻豌豆、天山白豌豆等高抗或耐根腐病，不同地区可根据品种的适应性，合理选择品种。

（2）农业防治。与非寄主作物轮作；适时播种，合理密植；施足经过充分腐熟的有机肥，增施磷肥、钾肥和石灰；高垄（畦）栽培，及时中耕，促进不定根的产生；收获后及时清除田间病残体。

（3）化学防治。在苗期根腐病严重的地区，可以用 35％多克福种衣剂、6.25％亮盾种衣剂进行种子包衣，或用种子重量 0.4％的 50％福美双可湿性粉剂或 50％多菌灵可湿性粉剂加种子重量 0.3％的 25％甲霜灵可湿性粉剂拌种。发病初期喷施或浇灌 30％噁霉灵水剂 1 000 倍液、70％甲基硫菌灵可湿性粉剂 500 倍液、75％百菌清可湿性粉剂 600 倍液、50％福美双可湿性粉剂 1 000 倍液、40％根腐灵可湿性粉剂 800 倍液，每隔 7～10 天喷施 1 次，连喷 2～3 次，喷药时注意细致喷洒根部、茎基部，用药液灌根，每株 0.5 升。

五、枯萎病

1. 病征

豌豆枯萎病广泛发生在我国各豌豆种植区，是豌豆生产中影响较大的病害之一。该病由尖孢镰豌豆专化型（*Fusarium oxysporum* f. sp. *pisi*）引起，为典型的土传病害。病原主要侵染植株的根和茎。早期发病症状表现为叶片和托叶下卷，叶和茎脆硬，基部茎节变厚；根系表面似乎正常，纵向剖开时维管束组织变为黄色至橙色，变色部位向上延伸可达上胚轴和植株的茎基部。随着病情发展，叶片从茎基部到顶部逐渐变黄，当土温高于 20℃时，病情发展迅速，植株地上部萎蔫和死亡，呈青枯状。

病原以厚垣孢子在土壤中越冬，在不种植豌豆时，厚垣孢子在土壤中可以存活 10 年以上。此外，病原能够在土壤中腐生和在非寄主或抗病植株的根上定殖。病原直接侵染根尖、子叶节或从伤根侵入，小型分生孢子通过木质部向上运动，堵塞维管束系统，阻碍水分和营养的运输，导致植株黄化和萎蔫。病害田间传播主要通过风雨、灌溉、农事操作等，远距离传播则通过病原污染或侵染的种子。品种感病、土温 23～27℃、土壤贫瘠和黏重、连作地发病重。

2. 防治方法

（1）种植抗病品种。选择合适的抗病品种种植。

（2）农业防治。适时早播，低温有利于豌豆形成壮苗，不利于病原生长；与禾谷类作物轮作 4～5 年；及时清除田间病残体，集中烧毁或充分腐熟；增施磷肥、钾肥和施用石灰，施用酵素菌沤制的堆肥或充分腐熟的有机肥，在花蕾时期，叶面喷施磷酸二氢钾以提高抗病力；早耕，必要时中耕，使土壤疏松，提高根系活力。

（3）化学防治。用 35% 多克福种衣剂、6.25% 亮盾种衣剂进行种子包衣，或用种子重量 0.4% 的 50% 福美双可湿性粉剂或 50% 多菌灵可湿性粉剂加种子质量 0.3% 的 25% 甲霜灵可湿性粉剂拌种。零星发病时，用 50% 多菌灵可湿性粉剂 500 倍液、70% 甲基硫菌灵可湿性粉剂 500 倍液、75% 百菌清可湿性粉剂 500 倍液、60% 防霉宝可湿性粉剂 600 倍液、50% 苯菌灵可湿性粉剂 1 000 倍液、70% 敌磺钠可湿性粉剂 600～800 倍液等喷施植株茎基部或灌根，每株浇灌 250 毫升，每隔 7～10 天防治 1 次，连续防治 2～3 次。

六、病毒病

1. 病征

世界上已报道近 20 种病毒可引起豌豆病毒病。我国已鉴定侵染豌豆的病毒有 6 种，包括豌豆种传花叶病毒（Pea seed-borne mosaic virus，PSbMV）、菜豆黄花叶病毒（Bean yellow mosaic virus，BYMV）、蚕豆萎蔫病毒（Broad bean wilt virus，BBWV）、菜豆卷叶病毒（Bean leaf roll virus，BLRV）、苜蓿花叶病毒（Alfalfa mosaic virus，AMV）、黄瓜花叶病毒（Cucumber mosaic virus，CMV），其中以 PSbMV、BYMV 和 CMV 为种传。

PSbMV 引起豌豆种传花叶病毒病。主要症状有叶片褪绿斑驳、明脉、花叶，叶片背卷，植株畸形或矮缩；若种子带毒引起幼苗发病，则症状较重，节间缩短、果荚变短或不结荚；病株所结籽粒的种皮常破裂或出现坏死条纹。

BYMV引起豌豆黄花叶病毒病。染病植株叶片斑驳，脉间褪绿黄化，有时出现明脉。早期染病植株表现矮缩、顶芽丛生。

BBWV引起豌豆萎蔫病毒病。染病植株表现为矮缩或萎蔫等。

BLRV引起豌豆黄化卷叶病毒病。豌豆在幼苗期受侵染导致植株黄化，叶片下卷，植株矮缩甚至死亡。若侵染发生较晚，则主要表现为顶叶叶尖黄化。

AMV引起豌豆条纹病毒病。染病植株叶片褪绿、黄化，在茎和叶片的维管束中出现紫褐色坏死条纹，豆荚畸形、褪绿、变色或有褐色条纹。

CMV引起豌豆花叶病毒病。染病植株叶片明脉、脉带和花叶，全株性褪绿黄化，生长点萎蔫，在叶片和茎上出现褐色条纹，豆荚扁平并且颜色变紫。

以上6种病毒都具有广泛的寄主范围。蚜虫是病毒在田间传播的主要媒介，除BLRV以持久方式传播外，其他5种病毒都以非持久方式传播。病毒的田间初侵染源主要为其他越冬带毒寄主上的蚜虫，带毒种子也是PSbMV、BYMV和CMV田间病害发生的初侵染源。高温、干旱条件，有助于蚜虫种群的增长和迁飞，有利于病害传播和流行。

2. 防治方法

（1）种植抗病品种。豌豆中存在对PSbMV、BYMV、BL-RV、AMV、CMV具有抗性或耐病性的品种或资源。

（2）农业防治。对于种传病毒病，种植无病毒侵染的健康种子可以有效控制初侵染源；调整播期，避开蚜虫传毒高峰；苗期及时拔除病苗。

（3）化学防治。

①防治蚜虫。用种子重量10%的吡虫啉可湿性粉剂拌种防

治蚜虫。在蚜虫发生初期，喷施10％吡虫啉可湿性粉剂2 500倍液、50％辟蚜雾可湿性粉剂2 000倍液、2.5％高效氟氯氰菊酯乳油2 000倍液。

②防治病毒病。病害发生前或发病初期，可在叶面喷施2％或8％宁南霉素（菌克毒克）水剂、6％低聚糖素水剂、0.5％菇类蛋白多糖水剂、3.85％病毒必克可湿性粉剂、40％克毒宝可湿性粉剂、20％吗胍·乙酸铜可湿性粉剂500倍液和5％植病灵水剂1 000倍液。

七、细菌性叶斑病

1. 病征

细菌性叶斑病危害豌豆的叶片、茎和荚。叶片染病，产生水渍状、圆形至多角形紫色斑，半透明。当湿度大时，叶背出现白色至奶油色菌脓，在干燥条件下产生发亮薄膜，叶斑干枯，变成纸质状。茎部染病，初生褐色条斑。花梗染病，可从花梗蔓延到花器上，致花萎蔫，幼荚干缩腐败。荚染病，病斑近圆形稍凹陷，初为暗绿色，后变为黄褐色，有菌脓，直径3～5毫米。

此病由丁香假单胞菌致病变种侵染所致。病原在豌豆种子里越冬，成为翌年主要初侵染源。植株徒长、雨后排水不及时、施肥过多易发病；生产上遇低温障碍，尤其是受冻害后会突然发病，迅速扩展；反季节栽培易发病。

2. 防治方法

（1）种植抗病品种。选择合适的抗病品种种植。

（2）农业防治。

①种子消毒。用种子重量0.3％的50％甲基硫菌灵可湿性粉剂拌种。也可进行温汤浸种，先把种子放入冷水中预浸4～5小时，再移入50℃温水中浸5分钟，然后移入凉水中冷却，晾干后播种。

②避免在低湿地种植豌豆。采用高畦或起垄栽培，注意通风

透光，雨后及时排水，防止湿气滞留。

（3）化学防治。发病初期，及时喷洒 50％混杀硫悬浮剂 500～600 倍液，或 50％多硫悬浮剂 600～700 倍液，每隔 10 天左右防治 1 次，连续防治 2～3 次。保护地可用 45％百菌清烟剂熏烟，每亩用量 2 200～2 500 克；或喷撒 5％百菌清粉尘剂，每亩用量 21 千克，每隔 7～9 天防治 1 次，视病情防治 1 次或 2 次。采收前 7 天停止用药。

八、黑斑病

1. 病征

豌豆黑斑病为真菌性病害。病原危害叶、茎蔓和荚果。茎感病多发生在基部，发病部位呈紫褐色或黑褐色，向四周扩展环绕茎部，常使叶片黄化，发病严重时可造成整株死亡。受害的叶片初生黑褐色斑点，扩大后呈圆形病斑，周缘淡褐色，中央黑褐色或黑色，病斑上有 2～3 个不规则轮纹。荚果受害后呈黑褐色或褐色，圆形，病斑上常有分泌物溢出，干后变粗糙呈疮痂状。

病原主要以菌丝体在种子上越冬，也可以子囊果或分生孢子器随病株残体在土表越冬，当环境适宜时，子囊果形成子囊孢子，分生孢子器形成分生孢子，借风雨传播，成为再侵染源。豌豆播种过早，土壤湿度过大，施氮肥过量使植株发生徒长，或遇低温冷害侵袭等条件下易发病。

2. 防治方法

（1）种植抗病品种。选择合适的抗病品种种植。

（2）农业防治。

①进行种子处理，合理轮作。

②选用排水良好的地块种植，采用高垄栽培，增施钾肥，提高植株抗病性。

③注意做好环境卫生，清除病残杂叶和底部老叶，改善田间通风透光条件。

（3）化学防治。新叶展开时，喷施 20％硅唑·咪鲜胺水乳剂 800～1 000 倍液，或 75％百菌清可湿性粉剂 500 倍液，或80％代森锌可湿性粉剂 500 倍液，每隔 7～10 天喷 1 次，连喷3～4 次。

第二节　主要虫害及其防治

一、蚜虫

1. 危害症状

蚜虫危害豌豆时，成蚜、若蚜群聚在豌豆的嫩茎、幼芽、顶端心叶和嫩叶叶背、花器及嫩荚等处吸汁液。豌豆受害后，叶片卷缩，植株矮小，影响开花结实。一般减产率在 20％左右。

2. 发生规律

蚜虫一年可发生 20 多代，主要以无翅胎生雌蚜和若蚜在杂草上越冬。蚜虫在温度高于 25℃、相对湿度 60％～80％时发生严重。

3. 防治方法

（1）栽培方法。保护地可采用高温闷棚法：在作物收获后，用塑料膜将棚室密封 4～5 天，消灭虫源。

（2）化学防治。①药剂拌种。用敌百虫粉或乐果粉加细沙土，在早晨或傍晚撒在豌豆植株基部。②药剂防治。在无风的早晨或傍晚，用下列药物喷洒：①2.5％敌百虫粉剂、2％杀螟硫磷粉剂、25％亚胺硫磷乳油等稀释一定倍数；②40％乐果乳剂1 000～1 500 倍液、50％马拉硫磷乳油 1 000 倍液、25％亚胺硫磷乳油 1 000 倍液或 40％氧化乐果乳油 2 000 倍液等。

二、豌豆象

1. 危害症状

豌豆象（*Bruchus pisorum* Linnaeus）主要危害豌豆、菜

豆、扁豆，是一种世界性分布的仓储害虫，我国除西北地区少数省份外，其他各地均有发生。豌豆象危害猖獗，使仓储豌豆的安全性和商品性明显降低，经济损失惨重。主要以幼虫潜伏在豆粒内部蛀食种子危害，危害率在80%以上，凡被其侵害过的豌豆，基本十粒九空，不能食用。

2. 发生规律

一年1代，成虫可越冬。卵一般散产于豌豆荚两侧，多产于植株中部的豆荚上，雌虫可产卵700～1 000粒，冬播产区产卵盛期一般在5月初，卵期7～9天，幼虫期约35天。成虫寿命可达330天左右，成虫迁飞能力强。

3. 防治方法

（1）物理防治。将豌豆种子置于阳光下暴晒，可杀死种子内的豌豆象。还推荐使用低温防治方法，即冷冻法，将原料置于冰箱冷冻室或冰柜中12小时左右，取出晾干后，放入已进行清洁预防处理的仓库。如果量大，可以考虑−5～0℃商业冷库，放置30天即可完全防控豌豆象；若为−10℃商业冷库，放置10天以上即可完全防控豌豆象。

（2）田间防治。注意群防群治。药剂可选用4.5%高效氯氰菊酯乳油1 000～1 500倍液、0.6%阿维菌素乳油1 000～1 500倍液、90%敌百虫晶体1 000倍液或90%灭多威可湿性粉剂3 000倍液等，在豌豆初花期进行防治。

（3）化学防治。主要推荐使用磷化铝熏蒸法，每50千克原料使用1～2片磷化铝片，或者使用5～10粒磷化铝丸剂（颗粒）。原料装入薄膜袋，必要时使用双层袋，用纱布或卫生纸包好磷化铝片剂或丸剂，放置在袋子的中央部位立即密封薄膜袋。大批量熏蒸时，使用密闭性好的熏蒸室，1吨原料使用3～8片磷化铝片或者15～40粒丸剂。熏蒸时间视温度而定，10～16℃不少于7天；16～25℃不少于4天；25℃以上不少于3天。熏蒸完毕后，采用自然通风或机械通风，充分散气2天以上，排净毒气。

注意事项：作业时，应佩戴防毒面具，穿工作服，戴手套；若吸入，迅速离开现场至空气新鲜处，保持呼吸道畅通。熏蒸结束后，应将灰白色残渣立即运到远离水源 50 米以外僻静的地方，挖坑至少 0.7 米深埋。

三、豌豆潜叶蝇

1. 危害症状

豌豆潜叶蝇又名油菜潜叶蝇、豌豆彩潜蝇、刮叶虫、叶蛆、夹叶虫，俗称串皮虫，属双翅目潜蝇科。豌豆潜叶蝇为世界性害虫，在我国除西藏尚无记载外，其余各省份均有分布。此虫是湖北豌豆生产的主要害虫，严重影响豌豆的产量和质量。以幼虫潜入豌豆叶片表皮下，曲折穿行，取食叶肉，造成不规则灰白色线状隧道。危害严重时，叶片上布满蛀道，尤以植株基部叶片受害最重。一张叶片常寄生有几头到几十头幼虫，叶肉全被吃光，仅剩两层表皮，受害株提早落叶，影响结荚，甚至枯萎死亡。

2. 发生规律

一年发生的代数因地而异，湖北可发生 10～13 代。湖北以蛹越冬为主，也有少数以幼虫或成虫越冬。豌豆潜叶蝇在长江流域大面积种植豌豆的产区，越冬代成虫 3 月盛发，第二代成虫 4 月间发生，此后世代重叠严重。春季危害最为严重。成虫活跃，白天活动，吸食花蜜且对甜汁有趋性。夜间静伏于枝叶等隐蔽处，但在气温为 15～20℃的晴天夜晚或微雨之后，仍可爬行或飞翔。卵产于叶背边缘叶肉内，以嫩叶上较多，产卵处叶面呈现灰白色小斑点。卵散产，每处 1 粒，每雌虫可产卵 50～100 粒。幼虫孵出后，即由叶缘向内取食，穿过柔膜组织，到达栅栏组织取食叶肉，留下表皮形成灰白色弯曲隧道，幼虫长大，隧道盘旋伸展，逐渐加宽。老熟幼虫在隧道末端化蛹，化蛹前将隧道末端表皮咬破，使蛹的前气门与外界相通，便于成虫羽化飞出。成虫寿命 7～20 天，气温高时 7～10 天。在日平均温度 15.6～22.7℃时，卵历期为 5～6 天，幼虫历期为 5～7 天，蛹历期为 8～12 天。

3. 防治方法

（1）农业防治。早春及时清除田间、田边杂草和栽培作物的老叶、脚叶，减少虫源；蔬菜收获后，及时处理残株叶片，烧毁或沤肥，消除越冬虫蛹，减少下一代发生数量，压低越冬基数。

（2）物理防治。利用成虫喜甜食的习性，在越冬蛹羽化为成虫的盛期，点喷诱杀剂。诱杀剂配方：以 3％红糖液或甘薯、胡萝卜煮液为诱饵，以 0.05％敌百虫为毒剂。在成虫暴发的盛期，可用粘虫板诱杀成虫。

（3）化学防治。注重田间实地调查，掌握在始见幼虫危害时立即进行药剂防治。幼虫处于初龄阶段，少数叶片上出现细小孔道时，大部分幼虫尚未钻蛀隧道，药剂易发挥作用。此时及时使用 1.8％阿维菌素乳油 2 000 倍液喷雾，以有机硅渗透剂辅之，交替喷 2～3 次，每隔 7～10 天喷 1 次。如果危害较为严重，可适当提高药剂浓度。注意交替使用药剂，各类农药使用严格按照规定的安全间隔期进行。

第三节　主要草害及其防治

杂草适应性强，生长发育和繁殖迅速，大量消耗土壤水分和养分，并遮挡太阳光照，直接影响豌豆的生长发育，从而降低产量和品质。杂草也是病害媒介和害虫栖息的场所，在田间杂草丛生的情况下，常常引起病虫害的发生和流行。另外，杂草过多会影响田间管理，同时对豌豆收获工作也有很大影响。尤其在机械化栽培中，杂草会增大机械牵引的阻力和机械损耗。当田间杂草多时，应及时清除；否则，将会严重影响产量。

豌豆的田间杂草种类很多，主要有马唐、狗尾草、白茅、马齿苋、野苋菜、藜、铁苋头、小蓟、大蓟、龙葵、画眉草、地锦等一年生杂草和香附子、小旋花、刺儿菜、节节草等多年生杂草。

防治田间杂草是促进豌豆正常生长发育、提高产量和品质的主要措施之一。生产中，除草一直是栽培管理上的重要环节。应根据田间杂草的发生种类、危害特点及相应的耕作栽培措施，因地制宜，分别采取农业措施、化学除草剂、除草塑料薄膜以及其他新技术措施除草，综合搭配则防治效果更好。

一、主要杂草种类

1. 马唐

俗名抓地秧、爬地虎，属禾本科一年生杂草，遍布大江南北。在北方豆类产区，每年春季3—4月发芽出土，至8—10月发生数代，茎叶细长，当5～6片真叶时，开始匍匐生长，节上生不定根芽，不断长出新茎枝，总状花序，3～9个指状小穗排列于茎秆顶部，每株可产种子2.5万多粒。由于生长快，繁殖力特别强，能夺取土壤中大量的水肥，影响豌豆生根发棵和开花结实，造成大幅度减产。可采用扑草净、异丙甲草胺、甲草胺等化学除草剂防除。

2. 狗尾草

俗名谷莠子，属禾本科一年生杂草，在我国豌豆产区均有分布。茎直立生长，叶带状，长1.5～3.0厘米，株高30～80厘米，簇生，每茎有一穗状花序，长2～5厘米，3～6个小穗簇生，小穗基部有5～6条刺毛，果穗有0.5～0.6厘米的长芒，棒状果穗形似狗尾。每簇狗尾草可产种子3 000～5 000粒，种子在土中可存活20年以上。根系发达，抗旱耐瘠，生命力强，对豌豆生长影响甚大。可用甲草胺、乙草胺和异丙甲草胺等防除。

3. 蟋蟀草

俗名牛筋草，属禾本科一年生杂草，是我国主要的旱地杂草。每年春季发芽出苗，1 年可生 2 茬。夏、秋季抽穗开花结籽，每茎 3～7 个穗状花序，指状排列。每株结籽 4 000～5 000粒，边成熟边脱落，种子在土壤中寿命可达 5 年以上。根系发达，须根多而坚韧，茎秆丛生而粗壮，很难拔除。耐瘠耐旱，吸水肥能力强。豌豆受其危害减产量很大。可采用甲草胺、扑草净等防除。

4. 白茅

俗名茅草、甜草根，属禾本科多年生根茎类杂草。有长匍匐状茎横卧地下，蔓延很广，黄白色，每节鳞片和不定根有甜味，故名甜草根。茎秆直立，高 25～80 厘米。叶片呈条形或条状披针形。圆锥花序紧缩呈穗状，顶生，穗成熟后，小穗自柄上脱落，随风传播。茎分枝能力很强，即使入土很深的根茎也能发生新芽，向地上长出新的枝叶。多分布在河滩沙土处的豌豆产区。由于其繁殖力快、吸水肥能力强，严重影响豌豆产量的提高。采用噁草酮加大用药量防除，有很好的效果。

5. 马齿苋

俗名马齿菜，属马齿苋科，一年生肉质草本植物，茎枝匍匐生长，带紫色，叶楔状、长圆形或倒卵形，光滑无柄。花 3～5朵，生于茎枝顶端，无梗，黄色。蒴果圆锥形，盖裂，种子很多，每株可产 5 万多粒种子。马齿苋是遍布全国旱地的杂草。在我国北方地区，每年 4—5 月发芽出土，6—9 月开花结实。根系吸水肥能力强，耐旱性极强，茎枝切成碎块，无须生根也能开花结籽，繁殖特别快，严重影响豌豆产量，要及时消灭。采用乙草胺和西草净等化学除草剂，进行地膜覆盖，有较好的防除效果。

6. 野苋菜

俗名人腥菜，种类很多，主要有刺苋、反枝苋和绿苋，属苋科一年生肉质野菜。茎直立，株高 40～100 厘米，有棱，暗红色或紫红色，有纵条纹，分枝和叶片均为互生。叶菱形或椭圆形，顶生穗状花序。每株产种子 10 万～11 万粒，种子在土壤中可存活 20 年以上。野苋菜是我国旱地分布较广的一种杂草。北方地区每年 4—5 月发芽出土，7—8 月抽穗开花，9 月结籽。由于植株高、叶片大、根须多，吸水肥力强，遮光量大，对豌豆危害严重。地膜栽培时，采用西草净、噁草酮、乙草胺等除草剂均有很好的防除效果。

7. 藜

俗名灰灰菜，属藜科，是我国分布较广的一年生阔叶杂草。在北方地区 4—5 月发芽出苗，8—9 月结籽，每株产籽 7 万～10 万粒。种子可在地里存活 30 多年。由于根系发达、植株高大、叶片多，吸水肥力强，遮光量大，种子繁殖力强，对豌豆影响特别大。应及时采用乙草胺、西草净、噁草酮防除。

8. 铁苋菜

属大戟科一年生双子叶杂草。铁苋菜是我国旱地分布较广的杂草，在北方地区每年 3—4 月发芽出苗。虽植株矮小，但生命力强，条件适合时 1 年可生 2 茬，是棉铃虫、红蜘蛛的中间寄主，严重危害豌豆。应在春季采用化学除草剂防除，随时人工拔除，方可彻底清除。用乙草胺、西草净等化学除草剂防除效果好。

9. 小蓟和大蓟

俗名刺儿菜，属菊科多年生杂草，分布在全国各地。有根状茎，地上茎直立生长。小蓟株高 20～50 厘米，茎叶互生，在开花时凋落。叶矩形或长椭圆形，有尖刺，全缘或有齿裂，边缘有刺，头状花序单生于顶端，雌雄异株，花冠紫红色，花期在 4—5 月。主要靠根茎繁殖，根系很发达，可深达 2～3 米，根茎上有大量的芽，每处芽均可繁殖成新的植株，再生能力强。因其遮光性强，而且是蚜虫传播的中间寄主植物，对豌豆前中期生长发育影响很大。可应用乙草胺、西草净和噁草酮等化学除草剂防除。

10. 香附子

俗名旱三凌、回头青，属莎草科旱生多年生杂草。分布于我国有沙土旱作豌豆产区。茎直立生长，高 20～30 厘米。茎基部圆形，地上部三棱形，叶片线状，茎顶有 3 个花苞，小穗线形，排列成复伞状花序，小穗上开 10～20 朵花，每株产 1 000～3 000 粒种子。有性繁殖靠种子，无性繁殖靠地下茎。地下茎分为根茎、鳞茎和块茎，繁殖力特强。4 月初香附子在北方地区块茎、鳞茎和少量种子发芽出苗，5 月大量生长，6—7 月开花，8—10 月结籽，并产生大量地下块茎。在生长季节，如果只锄去地上部植株，其地下茎 1～2 天就能重新出土，故称回头青。繁殖快，生命力强，对豌豆危害大。可用西草净、扑草净防除。

11. 龙葵

俗名野葡萄，属茄科一年生杂草，株高 30～40 厘米，茎直立，多分枝、枝开散。基部多木质化，根系较发达，吸水肥力强。植株占地范围广，遮光严重。龙葵喜光，适宜在肥沃、湿润的微酸性至中性土壤中生长。种子繁殖生长期长，在豆类田 5—6 月出苗，7—8 月开花，8—9 月种子成熟，至初霜时植株才枯死，豌豆全生育期均遭其危害。可用乙草胺等化学除草剂防除。

二、农业措施除草

1. 合理轮作

轮作换茬，可从根本上改变杂草的生态环境，有利于改变杂草群体、降低伴随性杂草种群密度，恶化杂草的生态环境，创造不利于杂草生长的环境条件，是除草的有效措施之一，尤其是水旱轮作，效果更好。可与玉米、小麦、高粱、谷子、甘薯等作物轮作，轮作周期应不少于 3 年。

2. 深翻土地

深翻能把表土上的杂草种子较长时间地埋入深层土壤中，使其不能正常萌发或丧失生命力，较好地破坏多年生杂草的地下繁殖部分。同时，将部分杂草的地下根茎翻至土表，将其冻死或晒干，可以消灭多种一年生和多年生杂草。

3. 施用充分腐熟的有机肥

有机肥中常混有大量具有发芽能力的杂草种子。土杂肥腐熟后，其中的杂草种子经过高温氨化，大部分丧失了生命力，可减轻危害。所以，施用充分腐熟的有机肥，是防治杂草的重要环节。

4. 中耕除草

在豌豆生育期间，分期适当中耕培土，是清除田间杂草的重要措施。尤其在东北春豆类区，是以垄作为主体的耕作栽培方式，分期中耕培土对消除田间杂草具有更显著的作用。豌豆生长前期中耕除草，是常用的除草方法，是及时清除田间杂草、保证豌豆正常生长发育的重要手段。

三、化学除草剂除草

使用化学除草剂防治豌豆田间杂草，能大幅度提高劳动生产率、减轻劳动强度。尤其对地膜覆盖豌豆田进行化学除草，可使一般机械难以除掉的株间杂草得到清除，也使传统的耕作栽培方法得到改进。由于田间除草剂种类繁多、各有特点，可根据豌豆田间杂草发生的具体情况选择除草剂品种。在使用过程中，严格遵循说明书要求，最好在喷施前先小面积试验，掌握最佳用量，以利于提高药效、防止药害发生。

1. 氟乐灵

乳剂，橙红色。又名茄科宁、氟特力。氟乐灵为进口产品，剂型较多，是一种选择性低毒除草剂。氟乐灵施入土壤后，潮湿和高温会导致其挥发，光解作用会加速药剂的分解速度导致其失效。适于播前土壤处理和播后芽前土壤处理。主要用于防除禾本科杂草。其防除杂草的持效期为3～6个月。氟乐灵有杀伤双子叶植物子叶和胚轴的能力，在杂草发芽时，直接接触子叶或被根部吸收传导，能抑制分生组织的细胞分裂，使杂草停止生长而死亡，具有高效安全的特点。无论是露地栽培还是覆膜栽培，一定要先播种覆土再施药覆膜，以免伤苗。严格按照使用说明标准用药。兑水后均匀喷雾于地表，并及时交叉浅耙垄面，将药液均匀混拌入3厘米左右的表土层中。氟乐灵对一年生单子叶、双子叶杂草都有较好的防效。对马唐、蟋蟀草、狗尾草、画眉草、千金子、稗草、碎米莎草、早熟禾、看麦娘等一年生杂草有显著防效。兼防苋菜等阔叶杂草，为了扩大杀草谱，兼治阔叶类杂草，可与灭草猛、嗪草酮、灭草丹、甲草胺、噁草酮等除草剂混用，每亩用48%氟乐灵乳油80～120毫升，兑水40～50千克后均匀喷雾。

2. 扑草净

扑草净是一种内吸传导型选择性低毒除草剂，对金属和纺织品无腐蚀性；遇无机酸、碱分解；对人、畜和鱼类毒性很低。国产可湿性白色粉剂，剂型较多。能抑制杂草的光合作用，使之因生理饥饿而死。对杂草种子萌发影响很小，但可使萌发的幼苗很快死亡。主要防除马唐、稗草、牛毛草、鸭舌草等一年生单子叶杂草和马齿苋等一年生双子叶恶性杂草，以及部分一年生阔叶类杂草及部分禾本科、莎草科杂草，中毒杂草产生失绿症状，逐渐干枯死亡，对豌豆安全。扑草净是一种芽前除草剂，于豌豆播后出苗前使用，田间持效期40～70天。适于播前土壤处理和播后芽前土壤处理。每亩用80%扑草净可湿性粉剂50～70克，兑水50千克后均匀喷雾。严格按照使用说明标准用药。使用前，将扑草净兑水后搅拌，使药粉充分溶解，于豌豆播种后均匀喷于垄面，随即覆盖地膜。其他措施同氟乐灵。扑草净还可与甲草胺混合使用，效果很好。

注意事项：①药量要称准，土地面积要量准，药液喷洒要喷匀，以免产生药害。②该除草剂在低温时效果差，春播豌豆可适当加大药量。气温高过 30℃时,易发生药害。因此,夏播豌豆要减少药量或不用药。

3. 灭草丹

灭草丹主要防除一年生禾本科杂草、香附子和一些阔叶类杂草,田间持效期 40～60 天。每亩用 70%灭草丹乳油 180～250 毫升,兑水 50 千克后均匀喷雾。其他措施同氟乐灵。

4. 乙草胺

又名绿莱利、消草安。乳油制剂,国产除草剂,是一种低毒性除草剂,对人、畜安全。主要原理是抑制和破坏杂草种子细胞蛋白酶。单子叶禾本科杂草主要由芽鞘将乙草胺吸入株体;双子叶杂草主要由幼芽、幼根将乙草胺吸入株体。被杂草吸收后,可抑制芽鞘、幼芽和幼根的生长,致使杂草死亡。但豌豆吸收后能很快将其代谢分解,不产生药害而安全生长。主要防除马唐、稗草、狗尾草、早熟禾、蟋蟀草、野藜等一年生禾本科杂草,对野苋菜、马齿苋防效也很好。对多年生杂草无效。在土壤中的持效期为 8～10 周。

乙草胺为芽前选择性除草剂,必须在豌豆播种后出苗前喷施于地面,覆盖地膜栽培比露地栽培防效高。覆盖地膜栽培的每亩用药量为 900 克/升乙草胺乳油 50～100 毫升,兑水 30～60 千克;露地栽培每亩用药量为 150～200 毫升,兑水 50～75 千克,搅拌使药液乳化。于豌豆播种后,整平地面,将药液全部均匀地喷于垄面。地膜栽培,于喷药后立即覆盖地膜;豌豆出苗后,可与吡氟氯禾灵混合喷洒地面,既能抑制萌动但尚未出土的杂草,又能杀死已出土的杂草,从而提高防效。

注意事项:①乙草胺的防效与土壤湿度和有机质含量关系很大,覆盖地膜栽培和沙地用药量应酌情减少,露地栽培和肥沃黏壤土地用药量可酌情增加。②黄瓜、水稻、菠菜、小麦、韭菜、谷子和高粱等粮菜作物对其敏感,切忌施用。③对人、畜和鱼类有一定毒性,施用时要远离饮水、河流、池塘及粮菜饲料等,以防污染。④对眼睛、皮肤有刺激性，应注意防护。⑤有易燃性，储存时应避开高温和明火。

5. 甲草胺

又名拉索、草不绿。剂型较多。甲草胺是一种播后芽前施用的选择性除草剂，其药效主要是通过杂草芽鞘被吸入植物体内而杀死苗株。一次施药可控制豌豆全生育期的杂草，同时不影响下茬作物生长。对人、畜毒性很小，持效期在 2 个月左右。主要防除一年生禾本科杂草及异型莎草等。对马唐、狗尾草等单子叶杂草防效较高，对野苋菜、藜等双子叶杂草防效较低。甲草胺是豌豆地膜栽培大面积应用的除草剂之一。甲草胺为芽前除草剂，在豌豆播种后出苗前，覆盖地膜栽培每亩用 48％甲草胺乳剂 150毫升，露地栽培每亩用 200 毫升。用时兑水 50～75 千克均匀搅拌为乳液，充分乳化后喷施。露地栽培的豌豆播种覆土耙平后至出苗前 5～10 天均匀喷洒地面，禁止人、畜进地践踏；覆膜的豌豆要在播种覆土后立即喷药，药液要喷匀、喷严，要把全部药液喷完，然后覆膜，膜与地面要贴紧、压实，以保持土壤温度、湿度。土壤保持一定湿度更能发挥其杀草效能，因此，施用甲草胺的效果，覆膜栽培好于露地栽培。南方豌豆产区气候湿润，可露地栽培施用。北方地区气候干燥，可覆膜施用。

另据试验，在野苋菜、马齿苋、苍耳、龙葵等双子叶阔叶杂草较多的田块，可将甲草胺与扑草净等除草剂混用以扩大杀草谱，提高除草率。

注意事项：①该乳剂对眼睛和皮肤有一定的刺激作用，如溅入眼内和溅在皮肤上，要立即用清水洗干净。②能溶解聚氯乙烯、丙烯腈等塑料制品，需用金属、玻璃器皿盛装。③遇冷（低于 0℃）易出现结晶，已结晶的甲草胺在 15～20℃时可再溶化，对药效没有影响。

6. 噁草酮

又名农思它、恶草灵，为进口产品，剂型较多。噁草酮对人、畜、鱼类和土壤、农作物低毒低残留，施用安全。噁草酮是芽前和芽后施用的选择性除草剂。芽前施主要是杀死杂草的芽鞘；芽后施主要是通过杂草地上部芽和叶片进入株体，使之受阳光照射后死亡。主要防除一年生禾本科杂草和部分阔叶类杂草，对马唐、牛毛草、狗尾草、稗草、野苋菜、藜、铁苋头等单子叶、双子叶杂草都有较好的防效，兼治香附子、小旋花等多年生杂草，对多年生禾本科杂草雀稗也有很好的杀灭效果，总杀草率达 94.5％～99.5％。如果土壤湿度条件较好，加大用药量，对白茅草和节节草等多年生恶性杂草也有很好的防除效果。在土壤中的持续有效期为 80 天以上。豌豆芽前喷施后，在苗期杀草率达 98.1％，开花下针期杀草率达 99.4％。噁草酮在苗后喷施，对整株的酢浆草和田旋花灭除特别有效。苗后喷施对禾本科杂草灭除效果一般。

　　噁草酮对杂草的防效主要在芽前发挥，因此，施药应在豌豆播种后出苗前进行，一般不采取芽后施药。覆盖地膜田块由于保持土壤湿润，杀草效果优于露地栽培。每亩施药量以 12％噁草酮乳油 150～175 毫升，或 25％噁草酮乳油 75～150 毫升为宜，兑水 50～75 千克，在豌豆播种后覆膜前均匀喷施于地面。

　　注意事项：①噁草酮对人、畜毒性虽小，但切忌吞服。如溅到皮肤上，应以大量肥皂水冲洗干净；溅到眼睛里，用大量干净的清水冲洗。②噁草酮易燃，切勿存放在热源附近。③使用的喷雾器械要充分冲洗干净，才能用来喷施噁草酮。

7. 异丙甲草胺

　　又名金都尔、屠莠胺、杜尔。金都尔为进口的 72％异丙甲草胺乳油，是豌豆地膜覆盖栽培大面积应用的一种芽前选择性除草剂。主要通过芽鞘或幼根进入株体，杂草出土不久就被杀死，一般杀草率为 80％～90％。对马唐、稗草等一年生单子叶杂草，防效达 90.7％～99.0％；对荠菜、野苋、马齿苋等双子叶杂草，防效为 66.5％～81.4％。在豌豆播前施用后的持效期为 3 个月。

豌豆封垄后对行间的禾本科杂草仍有防效，3个月后药力活性自然消失，对后茬禾本科作物无影响。

金都尔在豌豆播种后覆膜前地面喷施，每亩用量以100~150毫升为宜。沙土地的或覆膜条件下豌豆栽培，用量可少些；露地栽培或土层较黏的地块及旱地，用量可多些；水田地豌豆，用量可少些。用适量除草剂兑水搅匀后喷施豌豆田块，要均匀地将药液全部喷完。

注意事项：①易燃，储存时温度不要过高。②严格按推荐用量喷药，以免豌豆出现药剂残留问题。③无专用解毒药剂，使用时要注意安全。

8. 二甲戊灵

主要防除一年生禾本科杂草及部分阔叶类杂草。每亩用33％二甲戊灵乳油150~250毫升。二甲戊灵为豌豆播后芽前除草剂，其防除效果与土壤湿度密切相关，当土壤湿润时，药剂易扩散，杂草萌发齐而快，防除效果好；当土壤干旱、墒情差时，药剂不易扩散，防除效果差。因此，当土壤墒情差时，可结合浇水或加大喷水量（药量不变）提高药效。苗后茎叶喷雾。

9. 丙炔氟草胺

主要防除阔叶类杂草及部分禾本科杂草，每亩用50％丙炔氟草胺可湿性粉剂8~12克，兑水50千克，均匀喷于地表。为扩大杀草谱，可与乙草胺、异丙甲草胺混用。

10. 吡氟氯禾灵

吡氟氯禾灵是一种芽后选择性低毒除草剂，主要用于防除一年生和多年生禾本科杂草，对抽穗前的一年生和多年生禾本科杂草防除效果很好，对阔叶杂草和莎草无效。豌豆2~4叶期、禾本科杂草3~5叶期施药。防除一年生禾本科杂草，每亩用10.8％吡氟氯禾灵高效乳油20~30毫升，喷雾于杂草茎叶，干旱情况下可适当提高用药量；防除多年生禾本科杂草，每亩用30~40毫升。当豌豆与禾本科杂草及苋、藜等混生，可与苯达松、杂草焚混用，扩大杀草谱，提高防效。

11. 烯草酮

主要防除一年生和多年生禾本科杂草，于杂草 2～4 叶期施药。每亩用 12% 烯草酮乳油 30～40 毫升，兑水 30～40 千克。晴天上午喷雾。

12. 吡氟禾草灵

主要防除禾本科杂草。每亩用 35% 吡氟禾草灵乳油或 15% 精吡氟禾草灵乳油 50～70 毫升，防除一年生禾本科杂草；80～120 毫升，防除多年生禾本科杂草。为扩大杀草谱，可与苄嘧磺隆或苯达松混用。

13. 普杀特

又名豆草唑。普杀特为低毒除草剂，是选择性芽前和早期苗后除草剂，适于豆科作物防除一年生、多年生禾本科杂草和阔叶杂草等，杀草谱广。在豌豆播后出苗前喷于土壤表面，也可在豌豆出苗后茎叶处理。在单子叶、双子叶杂草混生的豌豆田块，可与二甲戊灵或乙草胺混合施用，提高药效。

四、塑料薄膜除草

除草药膜是含除草药剂的塑料透光薄膜，其制作方法是将除草剂按一定的有效成分含量溶解后，均匀涂压或喷涂至塑料薄膜的一面。在豌豆播种后，覆盖在土壤表面封闭播种行，然后打孔点播或者破孔出苗，药膜上的药剂在一定湿度条件下，与水滴一起转移到土壤表面或下渗至一定深度，形成药层发挥除草作用。使用除草药膜，不需喷除草剂，不需准备药械，工序简单，不仅省工、除草效果好、药效期长，而且除草剂的残留量明显低于直接喷除草剂覆盖普通地膜。

1. 甲草胺除草膜

每 100 米^2 含药 7.2 克，除草剂单面析出率在 80% 以上。经各地使用统计，对马唐、稗草、狗尾草、画眉草、莎草、藜、苋等杂草的防治效果在 90% 左右。

2. 扑草净除草膜

每 100 米^2 含药 8 克，除草剂单面析出率在 70%～80%。适于防除豌豆田以及马铃薯、胡萝卜、番茄、大蒜等蔬菜田的主要杂草，防治一年生杂草效果很好。

3. 异丙甲草胺除草膜

分为单面有药和双面有药 2 种。单面有药应注意使用时药面朝下。对豌豆田的禾本科杂草和部分阔叶杂草防除效果很好，防治效果在 90% 以上。

4. 乙草胺除草膜

杀草谱广，对豌豆田块的马唐、牛筋草、铁苋头、苋菜、马齿苋、莎草、刺儿菜、藜等，防治效果高达 100%，是豌豆田除草药膜中较理想的一种。

5. 有色膜除草

有色膜是不含除草剂、基本不透光的塑料薄膜，有色膜利用基本不透光的特点，使部分杂草种子不能发芽出土，即便部分杂草种子能发芽出土，不见阳光也不能生长。用于生产的有色膜主要包括黑色地膜、银灰色地膜、绿色地膜、黑白相间地膜等。有色膜除草效果也较好，尤其对夏季豌豆田杂草防除效果突出。据试验测定，其除草效果达 100%。在除草的同时，采用银灰色地膜还可驱避豆蚜等害虫。黑色地膜既可以除草，还可以提高地温、增加产量。由于有色膜无化学除草剂，所以无毒、无残留，适于生产绿色食品和有机食品，是农业可持续发展的理想产品。

在覆盖除草药膜时，豌豆垄必须耙平、耙细，膜要与土贴紧，注意不要用力拉膜，以防影响除草效果。

主要参考文献 REFERENCES //////////////

陈新，2012. 豆类蔬菜生产配套技术手册 [M]. 北京：中国农业出版社.

程须珍，2016. 豌豆生产技术 [M]. 北京：北京教育出版社.

丁振彪，沙恒，2021. 浅谈小型播种机的发展趋势 [J]. 南方农机，52
(19)：43-45.

关桂娟，2022. 高速气力式播种机技术特征与规范作业注意事项 [J]. 农机
使用与维修 (3)：85-87.

何新如，孟祥雨，赵丽萍，2014. 耕整地机械发展现状分析 [J]. 山东农机
化 (6)：24-25.

雷智高，李向春，何兴村，等，2021. 翻转犁的研究现状与展望 [J]. 安徽
农业科学，49 (3)：217-221.

李浩，沈卫强，班婷，2018. 我国秸秆利用技术及秸秆粉碎设备的研究进
展 [J]. 中国农机化学报，39 (1)：17-21.

李江国，刘占良，张晋国，等，2006. 国内外田间机械除草技术研究现状 [J].
农机化研究 (10)：14-16.

李浪，2022. 有机肥撒施机的设计与试验 [D]. 太原：山西农业大学.

李增宏，2007. 旋耕机的类型和构架的研究推广分析 [J]. 农业技术与装备
(12)：25-26.

李振，2014. 中耕追肥机施肥铲的设计与试验研究 [D]. 哈尔滨：东北农
业大学.

李正仁，2023. 固体有机肥撒肥机设计 [J]. 农机使用与维修 (1)：25-27.

马卫东，2021. 农业机械深松深翻技术推广研究 [J]. 河北农机 (8)：7-
8, 15.

曲小明，于洪雷，2022. 农业深松机械的研究现状与发展趋势 [J]. 农机使
用与维修 (10)：55-57.

王雅明，袁国伦，2022. 秸秆机械化粉碎技术特征与专用机具研究进展 [J].
农机使用与维修 (4)：41-43.

魏强，祁亚卓，相姝楠，2015. 国内外精量播种机的发展现状简介 [J]. 农机质量与监督（10）：18.

谢婉莹，马少辉，赵丽，2023. 秸秆粉碎设备的研究现状与技术分析 [J]. 新疆农机化（5）：14-17，24.

许林英，等，2023. 豆类蔬菜品种与高产栽培技术 [M]. 北京：中国农业出版社.

薛亚军，贺福强，李赟，等，2021. 翻转犁结构设计及支架优化 [J]. 农机化研究，43（7）：33-40.

杨光，陈巧敏，夏先飞，等，2021.4DL-5A 型蚕豆联合收割机关键部件设计与优化 [J]. 农业工程学报，37（23）：10-18.

杨光，陈巧敏，肖宏儒，等，2019. 蚕豆脱粒设备研究现状及发展趋势 [J]. 中国农机化学报，40（3）：78-83.

杨柳，杨莎，杨璎珞，2022. 离心式双圆盘撒肥机的设计 [J]. 南方农机，53（14）：18-19，26.

杨涛，孙付春，黄尔宇，等，2017. 秸秆粉碎技术及设备的研究 [J]. 四川农业与农机（3）：39-41.

姚爱萍，傅剑，冯洋，等，2019. 有机肥撒肥机的现状分析与思考 [J]. 农业开发与装备（3）：97-98.

袁昌富，李景斌，李树峰，等，2016.2BMF-6 机械式免耕精量播种机的设计 [J]. 农机化研究，38（10）：118-122.

袁守利，陈昌，董柯，2015.3WPZ-500 自走式喷杆喷雾机液压系统设计 [J]. 武汉理工大学学报（信息与管理工程版），37（6）：855-859.

曾晨，李兵，李尚庆，等，2016.1WG-6.3 型微耕机的设计与实验研究 [J]. 农机化研究，38（1）：132-137.

张丽娜，2022. 耕整地机械的作业现状及发展方向分析 [J]. 农机使用与维修（6）：48-50.

赵继云，王晓燕，王杰，等，2020. 豌豆机械化收获技术研究现状与研究趋势 [J]. 农机化研究，42（5）：1-6.

宗绪晓，王志刚，关建平，2005. 豌豆种质资源描述规范 [M]. 北京：中国农业出版社.

附 录 APPENDIX /////////////

豌豆种质资源描述规范

1 范围

本规范规定了豌豆种质资源的描述符及其分级标准。

本规范适用于豌豆种质资源的收集、整理和保存，数据标准和数据质量控制规范的制定，以及数据库和信息共享网络系统的建立。

2 规范性引用文件

下列文件中的条款通过本规范的引用而成为本规范的条款。凡是注日期的引用文件，其随后所有的修改单（不包括勘误的内容）或修订版均不适用于本规范，然而，鼓励根据本规范达成协议的各方研究是否可使用这些文件的最新版本。凡是不注日期的引用文件，其最新版本适用于本规范。

GB/T 2260　中华人民共和国行政区划代码

GB/T 2659　世界各国和地区名称代码

GB/T 3543—1995　农作物种子检验规程

GB 4404.2　粮食作物种子　豆类

GB 4407　经济作物种子

GB 5511　粮食、油料检验　粗蛋白质测定法

GB 5512　粮食、油料检验　粗脂肪测定法

GB 7415　主要农作物种子贮藏

GB 7649　谷物籽粒氨基酸测定的前处理方法

GB 10385　饲料用豌豆

GB 10462　谷物籽粒粗淀粉测定法

GB 12315—90　感官分析方法　排序法

GB/T 12404　单位隶属关系代码

GB/T 15666　豆类试验方法

ISO 3166　Codes for the Representation of Names of Countries

3　术语和定义

3.1　豌豆

豆科（Leguminosae）蝶形花亚科（Papilionoideae）野豌豆族（Viceae）豌豆属（*Pisum*）中的一个种（*sativum*），一年生（春播）或越年生（秋播）草本攀缘性植物，学名 *Pisum sativum* L.，英文名为 Pea、Garden Pea。染色体 $2n=14$。豌豆的软荚菜用类型，如果荚形扁平，称做"荷兰豆"，英文名为 snow pea；如果荚形圆棍状，称做"甜脆豌豆"或"生食豌豆"，英文名为 snap pea 或 sugar pea。主要以干籽粒、嫩荚、青粒和嫩茎尖供食用。

3.2　豌豆种质资源

豌豆野生资源、地方品种、选育品种、品系、遗传材料等。

3.3　基本信息

豌豆种质资源基本情况描述信息，包括全国统一编号、种质名称、学名、原产地、种质类型等。

3.4　形态特征和生物学特性

豌豆种质资源的物候期、植物学形态、产量性状等特征特性。

3.5　品质性状

豌豆种质资源的商品品质性状和营养品质性状。商品品质性状主要包括荚色、荚型、荚形、粒色、粒形、百粒重等；营养品质性状包括蛋白质含量、淀粉含量、鲜荚维生素 C 含量、青粒维生素 C 含量、鲜荚可溶性固形物含量、青粒可溶性固形物含量等。

3.6　抗逆性

豌豆种质资源对各种非生物胁迫的适应或抵抗能力，包括耐旱性、耐盐性等。

3.7　抗病虫性

豌豆种质资源对各种生物胁迫的适应或抵抗能力，包括白粉病、锈病、褐斑病、霜霉病、蚜虫、潜叶蝇等。

4　基本信息

4.1　全国统一编号

全国统一编号为种质的唯一标识号，豌豆种质的全国统一编号由"G"加 7 位顺序号组成。

4.2　种质库编号

豌豆种质在国家农作物种质资源长期库中的编号，由"I2D"加 5 位顺序号组成。

4.3　引种号

豌豆种质从国外引入时赋予的编号。

4.4　采集号

豌豆种质在野外采集时赋予的编号。

4.5　种质名称

豌豆种质的中文名称。

4.6　种质外文名

国外引进种质的外文名或国内种质的汉语拼音名。

4.7　科名

豆科（Leguminosae）。

4.8　属名

豌豆属（*Pisum* L.）。

4.9　学名

豌豆学名为 *Pisum sativum* L.。

4.10　原产国

豌豆种质原产国家名称、地区名称或国际组织名称。

4.11　原产省

国内豌豆种质原产省份名称：国外引进种质原产国家一级行政区的名称。

4.12　原产地

国内豌豆种质的原产县、乡、村名称。

4.13　海拔

豌豆种质原产地的海拔，单位为米。

4.14　经度

豌豆种质原产地的经度，单位为（°）和（′）。格式为 DDDFF，其中 DDD 为度，FF 为分。

4.15　纬度

豌豆种质原产地的纬度，单位为（°）和（′）。格式为 DDFF，其中 DD 为度，FF 为分。

4.16　来源地

国外引进豌豆种质的来源国家名称、地区名称或国际组织名称；国内种质的来源省、县名称。

4.17　保存单位

豌豆种质提交国家农作物种质资源长期库前的保存单位名称。

4.18　保存单位编号

豌豆种质原保存单位赋予的种质编号。

4.19　系谱

豌豆选育品种（系）的亲缘关系。

4.20　选育单位

选育豌豆品种（系）的单位名称或个人。

4.21 育成年份

豌豆品种（系）培育成功的年份。

4.22 选育方法

豌豆品种（系）的育种方法。

4.23 种质类型

豌豆种质类型分为 6 类：1. 野生资源；2. 地方品种；3. 选育品种；4. 品系；5. 遗传材料；6. 其他。

4.24 图像

豌豆种质的图像文件名。图像格式为 .jpg。

4.25 观测地点

豌豆种质形态特征和生物学特性观测地点的名称。

4.26 观测年份

豌豆种质形态特征和生物学特性观测时的年份。

5 形态特征和生物学特性

5.1 播种期

进行豌豆种质形态特征和生物学特性鉴定时的种子播种日期，以"年月日"表示，格式"YYYYMMDD"。

5.2 出苗期

小区内 50% 的植株达到出苗标准的日期，以"年月日"表示，格式"YYYYMMDD"。

5.3 分枝期

小区内 50% 的植株叶腋长出分枝的日期，以"年月日"表示，格式"YYYYMMDD"。

5.4 见花期

小区内见到第一朵花的日期，以"年月日"表示，格式"YYYYMMDD"。

5.5 开花期

小区内 50% 的植株见花的日期，以"年月日"表示，格式

"YYYYMMDD"。

5.6 终花期

小区内 50％的植株最后一朵花开放的日期，以"年月日"表示，格式"YYYYMMDD"。

5.7 成熟期

小区内有 70％以上的荚呈成熟色的日期，以"年月日"表示，格式"YYYYMMDD"。

5.8 生育日数

播种第二天至成熟的天数。

5.9 生长习性

开花期时，主茎和分枝的生长状况。分为：1. 直立；2. 半蔓生；3. 蔓生。

5.10 叶色

见花期时，托叶的颜色。分为：1. 浅绿；2. 绿；3. 深绿。

5.11 叶表剥蚀斑

见花期时，托叶上表皮与叶肉间气室的多少。分为：1. 多；2. 少；3. 无。

5.12 叶腋花青斑

见花期时，托叶上侧与茎相连处有无紫红色斑及程度。分为：1. 明显；2. 不明显；3. 无。

5.13 复叶叶型

见花期时，复叶上小叶的种类和形状。分为：1. 普通；2. 无叶；3. 无须；4. 簇生小叶。

5.14 托叶叶型

见花期时，托叶的形状。分为：1. 普通；2. 柳叶状。

5.15 小叶数目

普通和无须叶型豌豆资源，始花节复叶上的小叶数目。

5.16 小叶叶缘

普通和无须叶型豌豆资源，始花节复叶上小叶的叶缘性状。

分为：1. 全缘；2. 锯齿。

5.17　鲜茎色

见花期时，主茎节间的颜色。分为：1. 黄；2. 绿；3. 紫；
4. 紫斑纹。

5.18　茎的类型

开花期时，主茎上部是否扁化。分为：1. 普通茎；2. 扁
化茎。

5.19　花序类型

开花期时，主茎从下往上数第二个花节上的花序类型。分
为：1. 单花花序；2. 多花花序。

5.20　花色

开花期时，刚开放花朵的花冠颜色。分为：1. 白；2. 黄；
3. 浅红；4. 紫红。

5.21　初花节位

见花期时，主茎上第一个花序所在的节位。

5.22　每花序花数

开花期时，每个花序上的平均花数。

5.23　鲜荚色

终花期时，主茎下部鲜荚的荚皮颜色。分为：1. 黄；2. 绿；
3. 紫；4. 紫斑纹。

5.24　鲜荚长

终花期与成熟期之间，荚果充分膨大伸展后，测量荚尖至荚
尾的距离。单位为厘米。

5.25　鲜荚宽

终花期与成熟期之间，荚果充分膨大伸展后，测量荚果最宽
处的宽度。单位为厘米。

5.26　鲜荚壁厚度

终花期与成熟期之间，荚果充分膨大伸展后，测量荚果的荚
壁厚度。分为：1. 厚；2. 薄。

5.27 鲜荚荚形

终花期与成熟期之间，观察鲜荚的形状。分为：1. 直形；2. 联珠形；3. 剑形；4. 马刀形；5. 镰刀形。

5.28 荚尖端形状

终花期与成熟期之间，观察鲜荚荚尖的形状。分为：1. 锐；2. 钝。

5.29 鲜荚重

终花期与成熟期之间，荚果和籽粒充分膨大生长后，测量单个正常商品荚的质量。单位为克。

5.30 荚型

成熟期，观察荚果质地。分为：1. 硬荚；2. 软荚。

5.31 结荚习性

终花期与成熟期之间，观察开花结荚的状况。分为：1. 有限；2. 无限。

5.32 鲜籽粒颜色

终花期与成熟期之间，荚果和籽粒充分膨大生长后，观察鲜籽粒颜色。分为：1. 浅绿；2. 绿；3. 深绿。

5.33 株高

成熟期，主茎子叶节到植株顶端的高度。单位为厘米。

5.34 主茎节数

成熟期，主茎子叶节到植株顶端的节数。单位为节。

5.35 节间长度

成熟期，从株高与主茎节数之比算出每节长度。单位为厘米。

5.36 单株分枝数

成熟期，主茎上的一级分枝数。单位为个/株。

5.37 初荚节位

成熟期，主茎上最下部的荚所在的节位。单位为节。

5.38 单株荚数

成熟期，每株上的成熟荚数。单位为荚/株。

5.39 每果节荚数

成熟期，主茎初荚节以上节位每节着生的荚数。单位为荚/果节。

5.40 果柄长度

成熟期，荚果果柄的长度。单位为厘米。

5.41 荚长

成熟期，干熟荚果荚尖至荚尾的长度。单位为厘米。

5.42 荚宽

成熟期，干熟荚果最宽处的宽度。单位为厘米。

5.43 裂荚率

成熟期，自然开裂荚果所占的百分率。以％表示。

5.44 单荚粒数

成熟期，干熟荚果内所含的成熟籽粒数。单位为粒/荚。

5.45 单株产量

成熟期，单株上的干籽粒重量。单位为克。

5.46 粒形

成熟干籽粒的形状。分为：1.球形；2.扁球形；3.柱形。

5.47 种子表面

成熟干籽粒表面平滑状况。分为：1.光滑；2.凹坑；3.皱褶。

5.48 种皮破裂率

成熟干籽粒中，种皮自然开裂的籽粒所占的百分率。以％表示。

5.49 种皮透明度

成熟干籽粒种皮的透明程度。分为：1.透明；2.半透明；3.不透明。

5.50 粒色

成熟干籽粒的外观颜色。分为：1.淡黄；2.粉红；3.绿；4.褐；5.斑纹；6.紫黑。

5.51　子叶色

成熟干籽粒的子叶颜色。分为：1. 淡黄；2. 橙黄；3. 粉红；4. 黄绿；5. 绿。

5.52　脐色

成熟干籽粒的种脐颜色。分为：1. 黄；2. 灰白；3. 褐；4. 黑。

5.53　百粒重

100 粒成熟干籽粒的重量。单位为克。

6　品质特性

6.1　鲜荚维生素 C 含量

菜用软荚型资源，适收鲜荚 100 克可食部分所含维生素 C 的质量。单位为 10^{-2} 毫克/克。

6.2　青粒维生素 C 含量

菜用青豌豆型资源，100 克适收青豌豆籽粒所含维生素 C 的质量。单位为 10^{-2} 毫克/克。

6.3　鲜荚可溶性固形物含量

菜用软荚型资源，适收鲜荚 100 克可食部分所含可溶性固形物的质量。以％表示。

6.4　青粒可溶性固形物含量

菜用青豌豆型资源，100 克适收青豌豆籽粒所含可溶性固形物的质量。以％表示。

6.5　粗蛋白含量

成熟干籽粒中，粗蛋白质所占的百分比。以％表示。

6.6　粗脂肪含量

成熟干籽粒中，粗脂肪所占的百分比。以％表示。

6.7　总淀粉含量

成熟干籽粒中，总淀粉所占的百分比。以％表示。

6.8　直链淀粉含量

成熟干籽粒中，直链淀粉所占的百分比。以％表示。

6.9　支链淀粉含量

成熟干籽粒中，支链淀粉所占的百分比。以％表示。

6.10　天冬氨酸含量

成熟干籽粒中，天冬氨酸所占的百分比。以％表示。

6.11　苏氨酸含量

成熟干籽粒中，苏氨酸所占的百分比。以％表示。

6.12　丝氨酸含量

成熟干籽粒中，丝氨酸所占的百分比。以％表示。

6.13　谷氨酸含量

成熟干籽粒中，谷氨酸所占的百分比。以％表示。

6.14　甘氨酸含量

成熟干籽粒中，甘氨酸所占的百分比。以％表示。

6.15　丙氨酸含量

成熟干籽粒中，丙氨酸所占的百分比。以％表示。

6.16　胱氨酸含量

成熟干籽粒中，胱氨酸所占的百分比。以％表示。

6.17　缬氨酸含量

成熟干籽粒中，缬氨酸所占的百分比。以％表示。

6.18　蛋氨酸含量

成熟干籽粒中，蛋氨酸所占的百分比。以％表示。

6.19　异亮氨酸含量

成熟干籽粒中，异亮氨酸所占的百分比。以％表示。

6.20　亮氨酸含量

成熟干籽粒中，亮氨酸所占的百分比。以％表示。

6.21　酪氨酸含量

成熟干籽粒中，酪氨酸所占的百分比。以％表示。

6.22　苯丙氨酸含量

成熟干籽粒中，苯丙氨酸所占的百分比。以％表示。

6.23　赖氨酸含量
成熟干籽粒中，赖氨酸所占的百分比。以％表示。
6.24　组氨酸含量
成熟干籽粒中，组氨酸所占的百分比。以％表示。
6.25　精氨酸含量
成熟干籽粒中，精氨酸所占的百分比。以％表示。
6.26　脯氨酸含量
成熟干籽粒中，脯氨酸所占的百分比。以％表示。
6.27　色氨酸含量
成熟干籽粒中，色氨酸所占的百分比。以％表示。

7　抗逆性

7.1　芽期耐旱性
豌豆种子忍耐或抵抗水分胁迫的能力。分为：1. 高耐（HT）；3. 耐（T）；5. 中耐（MT）；7. 弱耐（S）；9. 不耐（HS）。
7.2　成株期耐旱性
豌豆植株忍耐或抵抗水分胁迫的能力。分为：1. 高耐（HT）；3. 耐（T）；5. 中耐（MT）；7. 弱耐（S）；9. 不耐（HS）。
7.3　芽期耐盐性
豌豆种子忍耐或抵抗盐分胁迫的能力。分为：1. 高耐（HT）；3. 耐（T）；5. 中耐（MT）；7. 弱耐（S）；9. 不耐（HS）。
7.4　苗期耐盐性
豌豆幼苗忍耐或抵抗盐分胁迫的能力。分为：1. 高耐（HT）；3. 耐（T）；5. 中耐（MT）；7. 弱耐（S）；9. 不耐（HS）。

8　抗病虫性

8.1　白粉病抗性
豌豆植株抵抗白粉病病菌（*Erysiphe pisi* DC.）侵染和扩展能力的强弱。分为：1. 高抗（HR）；3. 抗（R）；5. 中抗

（MR）；7. 感（S）；9. 高感（HS）。

8.2 锈病抗性

豌豆植株抵抗锈病病菌 ［*Uromyces fabae*（Grev.）Fuckel.］侵染和扩展能力的强弱。分为：1. 高抗（HR）；3. 抗（R）；5. 中抗（MR）；7. 感（S）；9. 高感（HS）。

8.3 褐斑病抗性

豌豆植株抵抗褐斑病病菌（*Ascochyta pinodes* Jones）侵染和扩展能力的强弱。分为：1. 高抗（HR）；3. 抗（R）；5. 中抗（MR）；7. 感（S）；9. 高感（HS）。

8.4 霜霉病抗性

豌豆植株抵抗霜霉病病菌 ［*Peronospora viciae*（Berk.）Casp.］侵染和扩展能力的强弱。分为：1. 高抗（HR）；3. 抗（R）；5. 中抗（MR）；7. 感（S）；9. 高感（HS）。

8.5 蚜虫抗性

豌豆植株对豌豆蚜 ［*Acyritiosiphon pisum*（Harris）］危害抵抗能力的强弱。分为：1. 高抗（HR）；3. 抗（R）；5. 中抗（MR）；7. 感（S）；9. 高感（HS）。

8.6 潜叶蝇抗性

豌豆植株对豌豆潜叶蝇（*Phytomyza horticola* Gourean）危害抵抗能力的强弱。分为：1. 高抗（HR）；3. 抗（R）；5. 中抗（MR）；7. 感（S）；9. 高感（HS）。

9 其他特征特性

9.1 食用器官类型

豌豆供食用的器官及其适宜采收的阶段。分为：1. 干籽粒；2. 鲜籽粒；3. 嫩荚；4. 嫩茎尖。

9.2 食用类型

分为：1. 熟食；2. 生食；3. 加工。

9.3 核型

表示染色体的数目、大小、形态和结构特征的公式。

9.4 指纹图谱与分子标记

豌豆种质指纹图谱和重要性状的分子标记类型及其特征参数。

9.5 备注

豌豆种质特殊描述符或特殊代码的具体说明。

图书在版编目（CIP）数据

豌豆品种与高效栽培管理技术 / 许林英等主编. --
北京：中国农业出版社，2025. 5. -- ISBN 978-7-109
-33279-9

Ⅰ. S643. 3

中国国家版本馆 CIP 数据核字第 2025CF7731 号

豌豆品种与高效栽培管理技术
WANDOU PINZHONG YU GAOXIAO ZAIPEI GUANLI JISHU

中国农业出版社出版

地址：北京市朝阳区麦子店街 18 号楼
邮编：100125
责任编辑：冀　刚　冯英华
版式设计：王　晨　责任校对：吴丽婷
印刷：中农印务有限公司
版次：2025 年 5 月第 1 版
印次：2025 年 5 月北京第 1 次印刷
发行：新华书店北京发行所
开本：850mm×1168mm　1/32
印张：6.75
字数：175 千字
定价：38.00 元